花系女子の
和風布花飾品設計

以12月份的代表花朵
打造最美麗動人的魅力飾品

かわらしや
Kawarashiya

大約從1995年開始對日式裝束產生興趣，因此在身兼和服著付講師的工作之下，著手製作和服配件。

2008年開始製作和風布花，並致力於結合金箔、水引、和紙等素材的「金澤風手捏花」創作。作品款式廣泛，除了日常使用的飾品，也有年節裝飾與室內布置等的主題性創作。主要活動地點為石川縣。

HP　つまみ細工かわらしや
http://kawarashiya.com

材料來源

工房和橫浜（つまみ細工專門店）
http://ko-bo-kazu.ocnk.net

貴和製作所（飾品配件）
http://www.kiwaseisakujo.jp/shop/

吉田商事（飾品配件）
http://www.yoshida-shoji.co.jp/onlineshop.html

三浦清商店（白布羽二重4文目・10文目）
（※1文目（匁）≒3.75g）
http://www.miurasei.jp

Stylistgoto（布料・緞帶・都繩）
http://www.stylistgoto.co.jp

Dylon Japan（染料）
http://dylon.co.jp

CONTENTS

一起捏製和風布花吧！……2
▸ 本書使用的撮花技法……2

‡ 事前準備……3
捏製和風布花的步驟流程……3
捏製和風布花的必備工具……4
▸ 準備黏著劑……5
布料……6
▸ 羽二重的染色方法……7
底座的製作方法……8
▸ 飾品五金＆裝飾用配件……9
圓撮……10
劍撮……11
▸ 端切……11

‡ 4月 ‡ 卯月 ◆ APRIL……12
洋甘菊頸圈項鍊……13
洋甘菊耳環……14
非洲菊髮圈……15

‡ 5月 ‡ 皐月 ◆ MAY……17
2way杜鵑花髮夾……18
菖蒲髮夾……21

‡ 6月 ‡ 水無月 ◆ JUNE……25
雨滴耳環……26
牽牛花髮梳……27
紫陽花胸花……30

‡ 7月 ‡ 文月 ◆ JULY……32
鐵線蓮項鍊……33
百合胸花……35

‡ 8月 ‡ 葉月 ◆ AUGUST……37
2way睡蓮髮夾……38
向日葵髮夾……40
▸ 布料的暈染方法……41

‡ 9月 ‡ 長月 ◆ SEPTEMBER……42
尖瓣大理花手環……43
石竹髮梳……44

‡ 10月 ‡ 神無月 ◆ OCTOBER……46
薔薇胸花……48
2way薔薇花夾……50
古典玫瑰頸圈項鍊……51

‡ 11月 ‡ 霜月 ◆ NOVEMBER……52
銀杏胸花……53
二重劍菊胸花……54
楓葉胸花……55
秋意髮梳／菊・楓葉・銀杏……56

‡ 12月 ‡ 師走 ◆ DECEMBER……58
蝴蝶蘭髮簪……59

‡ 1月 ‡ 睦月 ◆ JANUARY……63
帶留裝飾・牡丹……64
帶留裝飾・松……65
帶留裝飾・竹……66
帶留裝飾・梅……66

‡ 2月 ‡ 如月 ◆ FEBRUARY……67
茶花戒指・茶花髮夾……68
水仙垂穗髮梳……68

‡ 3月 ‡ 弥生 ◆ MARCH……70
油菜花項鍊墜飾……71
花水木包包吊墜……72
櫻花耳掛・櫻花戒指……72

‡ 進階版……73
七五三髮簪……74
成人式髮簪……78

‡ Kawarashiya Tsumami-zaiku Gallery……80

一起捏製和風布花吧！

和風布花是從日本江戶時代流傳至今的傳統手工藝。以正方形小碎布捏製的立體花鳥造型飾品，美麗的模樣令人迷著。

只要利用平日使用的裁縫工具＆材料就能立刻製作和風布花。要不要試著將衣櫥中已經無法再繼續穿著的衣服、和服，或喜歡的碎布等，變成美麗的和風布花飾品呢？

本書介紹了以多種布料製作，且各具獨特風格的飾品。除了基本的和風布花技巧之外，也包含了各式各樣的進階應用。希望透過本書，能為喜愛和風布花的你展示和風布花更深層的魅力＆更遼闊的世界。

▶ **本書使用的撮花技法**

本書作品的基本撮花樣式如下，
大致可以劃分成圓撮＆劍撮兩大類型。

◆ 圓撮

一重圓撮
▶P.10

細褶圓撮
▶P.18

裡返圓撮
▶P.21

撥片圓撮
▶P.27

裂瓣圓撮
▶P.28

二重圓撮
▶P.60

圓撮變化
▶P.78

◆ 劍撮

一重劍撮
▶P.11

劍撮變化
▶P.15

裡返劍撮
▶P.20

圓瓣劍撮
▶P.21

劍撮變化
（含摺瓣）
▶P.38

裂瓣劍撮
▶P.43

二重劍撮
▶P.54

因實際製作時的布料種類＆堆疊方式會影響作品尺寸，
本書標示的作品完成尺寸僅供參考。

✤事前準備
捏製和風布花的步驟流程

為了讓初學者能初步認識和風布花的製作方式，
在此將以簡單的圖解說明來介紹捏製和風布花的主要步驟。

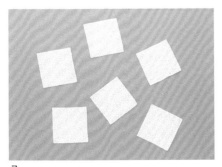

1 準備布片
將布料裁成正方形的布片。因不同的作品需要不同大小的布片，所以只要準備足夠的數量即可。

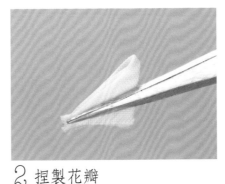

2 捏製花瓣
以鑷子將布片捏成花瓣的形狀。本書除了介紹最基本的劍撮＆圓撮之外，也有多種進階應用的變化樣式。

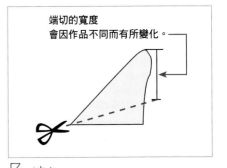

3 端切
裁剪捏製花瓣的下端，稱之為「端切」。基本上會根據作品的需求，以端切來調整花瓣的高度（▶P.11）。當然也有不須進行端切的作品。

4 沾附漿糊
將捏好的花瓣沾附漿糊。對應不同的布料，需更換成適合的黏著劑。

5 準備底座
準備葺花的底座。請依作品種類製作適合的底座。

6 葺花
將捏好的花瓣排列堆疊於底座上，作出花形。此步驟稱為「葺花」。

7 安裝上裝飾品
將葺好的花朵加上花蕊或珠珠等飾品，完成基本的樣貌。

8 加上飾品五金
裝接飾品五金，作品完成！

9 組裝
組合數個不同顏色＆種類的花朵，作出更加華麗的作品。

捏製和風布花的必備工具

◆尖頭鑷子
建議選擇尖頭&無彎曲,手持處有止滑溝的款式。

◆厚紙
使用雙面皆為白色,或正面白色・背面灰色,厚度約0.5mm的厚紙。

◆圓圈板
以圓圈板在厚紙上畫圓,製作底座(▶P.8)。以圓規代替也OK。

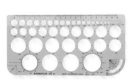

◆錐子
用於在底座上鑿出鐵絲穿孔。

◆鐵絲
用於製作有鐵絲的底座(▶P.8),以及須纏繞繡線的裝飾配件。本書使用市售花藝材料的白色#20・#22・#24・#28鐵絲。

◆25號繡線
直接使用已捻合6股的繡線。常用於纏繞鐵絲或組合花朵&飾品五金。

◆保麗龍球&美工刀
將保麗龍球切半,作為底座或花蕊。

◆包釦
塑膠材質,包覆布料後作成底座。

◆裁布剪刀&輪刀
裁布剪刀用於剪布,輪刀則是將裁下的布料修正成正方形。

◆切割墊
裁切布料時使用A3切割墊,製作垂穗(▶P.60)時使用A4切割墊。

◆切割尺
輔助裁切布料。安全起見,建議使用有保護片的安全尺。

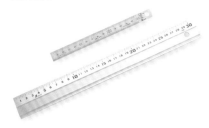

◆手帕
沾濕後擰乾,用於擦拭鑷子&手指上的漿糊。

◆花藝海綿
用於放置製作中的作品。

◆串珠用鐵絲
用於紮花蕊或組合花朵&飾品五金。

◆花藝膠帶
用於纏繞花莖等部位的鐵絲。

◆夾子
黏接底紙&飾品五金時需以夾子固定。

和風布花的工具都可以在大賣場＆手工藝品店購入，取得十分方便。
建議先找找看家中已有的工具，再購入不足的工具即可。

◆手工藝用剪刀
用於修剪底紙、線、布片等。
請分別準備剪布用＆剪紙用，
共兩把剪刀。

◆平口鉗
用於彎曲鐵絲＆固定飾品五
金，建議選用沒有溝槽的平
口鉗。

◆圓口鉗
將鐵絲、9針、T針繞圓時使
用。

◆金屬萬能剪
修剪鐵絲、9針、T針、花蕊時使
用。

◆白膠
捏製和風布花、裝飾花蕊等時使用。本書
中，僅一越縮緬、棉布、羽二重布使用白
膠。

◆強力黏著劑
聚脂纖維＆厚和服布料等較難以白膠固定，
所以需使用強力黏著劑。也用於黏合飾品五
金＆布料。

以針刺出小孔使用。

◆漿糊
請選用擠管式的漿糊。塗於布片上後再進行
捏花，即可作出花瓣＆葉尖的彎曲弧度。

▶準備黏著劑

一重劍撮（▶P.11）・細褶圓撮（▶P.18）・裡返劍撮（▶P.20）・圓瓣劍撮（▶P.21）・撥片圓撮（▶P.27）・裂瓣劍
撮（▶P.43）・二重劍撮（▶P.54）・圓撮變化（▶P.78）在捏花前須先塗抹漿糊，但漿糊不可直接大量塗抹使用，須
先包上紗布以控制分量。

※非聚脂纖維的布料使用漿糊，聚脂纖維布料則需使用白膠。

1	2	3	4
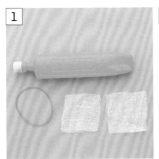			
準備擠管狀漿糊、橡皮筋、2片4cm正方形紗布。	將兩片紗布重疊，覆蓋於漿糊的開口處，並以橡皮筋固定。	建議準備大・小尺寸。大面積布料使用大尺寸的漿糊，小面積布料則使用小尺寸漿糊。	漿糊口貼平布面，塗上適量的漿糊，並注意避免漿糊滲透表面。

在圖3中標示「小」「大」。在圖4中標示「視作品所需，於適當的位置塗抹漿糊。」

布料

本書作品主要使用的布料包含一越縮緬、棉布、聚脂纖維、羽二重。
但也可以選用個人方便購買或喜愛的布料。

❋布料種類

◆一越縮緬（嫘縈）

布面有細小的凹凸紋路，手感較
輕柔蓬鬆的布料。市售的顏色＆
花樣豐富，選擇也較多。

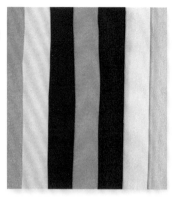

◆全棉巴厘紗cotton voile

具有透明感的薄布，顏色豐富且
容易處理，適合製作質感細膩的
作品。較適合休閒風的作品。

◆聚脂纖維

製作時須使用強力黏著劑。適
合製成搭配衣著的飾品。

◆和服舊布（絹）

拆解舊和服，或購買市售的舊純
絹碎布。若布料較厚＆不容易以
白膠黏接，可使用強力黏著劑。

◆羽二重（絹100％）

將白布染成自己喜歡的顏色後
再塗抹漿糊使用。厚度的單位
使用重量單位的「匁」，數字
愈大愈厚。本書中使用4匁‧10
匁。薄的純絹布可使用白膠黏
貼，小布片也容易以鑷子摺疊，
特別適合製作較細膩的作品。

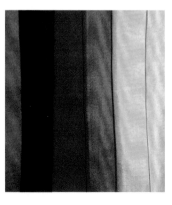

※不容易購買到羽二重時

若不容易購買到羽二重布，或想
省去染色步驟，以可透光的絹質
薄絲巾代替也OK。

羽二重作品

✿裁布

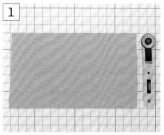

1. 布料對齊切割墊上的方格放置，以輪刀進行裁切。

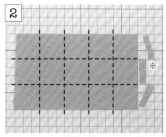

2. 沿著方格線，縱橫地將布料裁成小正方形。多餘的布邊（※）也要裁切乾淨。

3. 輪刀請由內向外推。改變裁布方向時，建議直接轉動切割墊較方便作業。

4. 建議將裁切完成的布片依大小＆顏色分類，之後使用就會更加便利。

▶羽二重的染色方法

在此將介紹以白色羽二重進行染色的方法。

●材料

①染料（DYLON）②中性洗滌劑 ③羽二重 ④不鏽鋼圓盆 ⑤量杯 ⑥打蛋器 ⑦穀物醋 ⑧塑膠手套 ⑨筷子 ⑩洗衣漿 ⑪溫度計

染料（DYLON）▶

・適用布料：
棉、麻、絹、羊毛等天然纖維，與嫘縈、呢絨等化學纖維。
※不適用於聚酯纖維。

・染量：
1包5g約可染25g的纖維。

①染料

●步驟

① 以中性洗滌劑清洗羽二重（圖Ⓐ），水溫須由20℃慢慢加熱至70℃。洗滌過的羽二重不須擰乾。

② 不鏽鋼圓盆倒入染料（約2.5g），再加入250cc熱水（約80℃），並以打蛋器將染料攪拌均勻（圖Ⓑ）。

③ 以較大的不鏽鋼製容器準備約3公升熱水（約80℃）。

④ 將步驟③的染料水倒入步驟②的熱水中，並攪拌均勻（圖Ⓒ）。

⑤ 加入175cc的穀物醋（圖Ⓓ）。

⑥ 以打蛋器攪拌均勻。

⑦ 攤開羽二重，浸入染料中（圖Ⓔ）。

⑧ 以筷子攪拌20分鐘後浸泡20分鐘。過程中須偶爾進行攪拌，以免染色不均（圖Ⓕ）。

⑨ 取出羽二重，以流水沖洗乾淨（約10次），再輕輕地將水擰除後晾乾。

⑩ 羽二重等薄布在洗滌後須以洗滌漿上漿。

⑪ 燙平。

⑫ 完成！

Ⓐ ②中性洗滌劑 ③羽二重 ④不鏽鋼圓盆

Ⓑ ⑤量杯 ※以熱水溶解染料。⑥打蛋器

Ⓒ ※染料水 ※熱水

Ⓓ ⑦穀物醋 ※加醋。

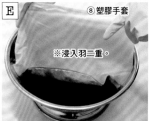

Ⓔ ⑧塑膠手套 ※浸入羽二重。

Ⓕ ※浸泡中須偶爾攪拌。⑨筷子

※染料可從大型手工藝店購買。染色方法因布料的材質＆重量而略有差異，請依指示用法操作使用。

※洗衣漿的硬挺度，可視實際製作作品時的布料厚度，依個人喜好調整。

底座的製作方法

在此將介紹葺花或葉片的底紙＆加裝鐵絲支架的底座，以及鐵絲捲線的製作方法。雖然市面上也有販售現成的底紙與捲線鐵絲，但DIY作法並不困難，所以也可以自己動手作喔！

❀製作圓形底紙

於厚紙上用圓圈板畫出所需尺寸的圓形。

剪下。

圓形底紙完成。各作品所需尺寸不同。

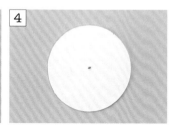

若無圓圈板，可使用圓規繪製。

❀製作圓形底座

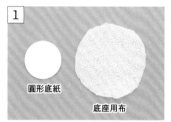

準備圓形底紙＆比底紙大一個尺寸的圓形底座用布。

將圓形底紙沾上白膠。

以錐子等工具將白膠均勻地塗抹於整面底紙上。

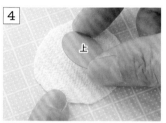

將圓形底紙貼合於底座用布中央（若底紙有一面為灰色，該面朝上）。

將布片塗上白膠＆以錐子抹勻。

將布邊內摺包覆底紙，並黏在底紙上。

圓形底座完成！此面為葺花或葉片用。

平整的背面。

❀鐵絲底座

以錐子在圓形底紙中央打孔。

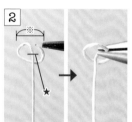

以鐵絲作出約底紙直徑1/2大小（※）的圓，並在★處彎折直角。

將鐵絲穿過圓形底紙＆底座用布。

圓形底紙周邊塗上白膠＆以錐子抹勻。

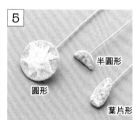

以布邊包覆底紙＆黏合。請依作品所需製作圓形、半圓形、葉片形底座。

❀鐵絲捲線　※直接使用6股1條的25號繡線。

1

先在鐵絲端塗上白膠。

2

鐵絲端捲上25號繡線後，將★端轉移至左側。

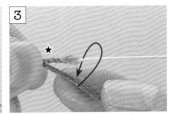

3

固定★位置，開始捲線。

4

一邊塗抹白膠一邊捲至所需長度。

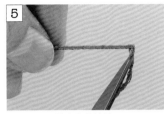

5

捲至尾端後剪去多餘的線。

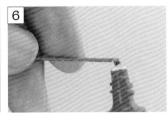

6

線頭處沾抹白膠將其固定。

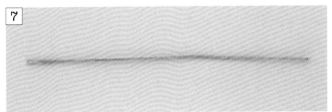

7

完成！

❀T針的使用方法

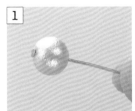

1

T針穿過珍珠等裝飾配件。

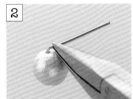

2

以平口鉗將T針彎成直角。

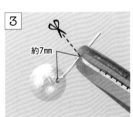

3

約7mm

剪去多餘的部分，僅保留7mm。

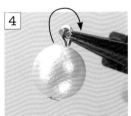

4

以圓口鉗夾住T針邊端後，藉由轉動手腕彎折一個圓圈。

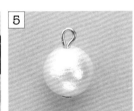

5

T針繞圓完成！

▶飾品五金＆裝飾用配件

和風布花完成後，可以裝飾上自己喜歡的花蕊或飾品五金製成飾品。

◆製作花蕊的配件

串珠·棉珍珠等

花座

水引繩

素玉花蕊　百合花蕊

鐵絲花蕊

花藝用鐵絲花蕊有圓頭、百合或茶型等，依花朵種類製成的款式。以指甲油即可自由上色。

指甲油

◆飾品五金

各式戒指　　圓形底托　　耳針·耳鉤　　2way胸針等

各式髮夾　　水滴夾

七五三髮簪（▶P.75）用。可在和風布花專賣店（參見前扉「材料來源▶つまみ細工專門店」）購買。

◆針·環·飾品配件

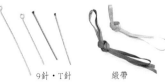

9針·T針　　緞帶　　C圈／單圈　　飾品配件

一重圓撮

和風布花最基本的「一重圓撮」，是取一小片正方形布料進行捏摺，使頂端呈現可愛的圓弧狀。

◆一重圓撮

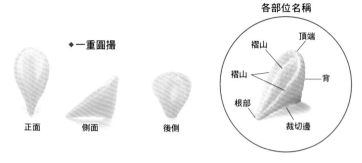

正面　　側面　　後側

各部位名稱

頂端
褶山
褶山
背
根部
裁切邊

❀一重圓撮的撮花技法

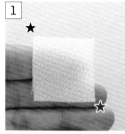

1

準備好裁成正方形的布片（▶P.7）。

2

1以鑷子將★摺向★。

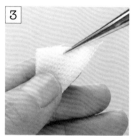

3

以拇指壓住布邊。

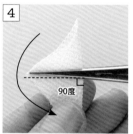

4

90度

以鑷子夾住正中間後對摺。

5

以拇指壓住布片的下端。

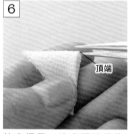

6

頂端

抽出鑷子，注意頂端的位置。

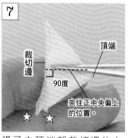

7

裁切邊　頂端
90度
夾住正中央偏上的位置。

鑷子由頂端朝裁切邊的方向，與切裁邊呈直角地夾入。

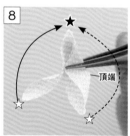

8

★　頂端

將步驟7的☆分別依上圖箭頭方向往上摺&對齊★。

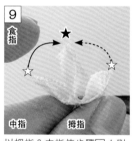

9

食指　★
中指　拇指

以拇指&中指使步驟8☆對齊★。

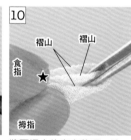

10

褶山　褶山
食指
★
拇指

將兩褶山的高度整理一致，並以食指壓住★的位置。

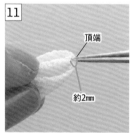

11

頂端
約2mm

抽出鑷子後，重新夾住頂端。

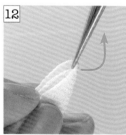

12

如將鑷子直立般，依箭頭方向摺返。

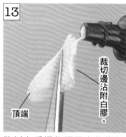

13

裁切邊沾附白膠
頂端

改以左手握住鑷子夾住裁切邊左側，在裁切邊上沾附一層薄薄的白膠。

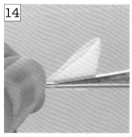

14

以食指&拇指捏住鑷子的頂端，使裁切邊完全黏合。

15

一重圓撮完成！

一重劍撮

和風布花的另一種基本型「一重劍撮」。在正方形布料中央塗上一層薄薄的漿糊後，再進行捏摺。頂端須作出劍尖。

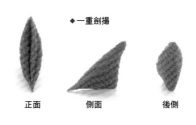

◆一重劍撮

正面　　側面　　後側

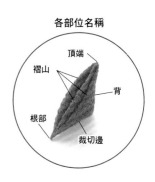

各部位名稱

頂端
褶山
背
根部
裁切邊

✿ 一重劍撮的撮花技法

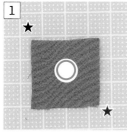

1

準備好裁成正方形的布片（▶P.7），在中心○處塗抹一層薄薄的漿糊（▶P.5）。

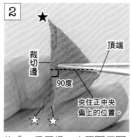

2

★
裁切邊
頂端
90度
夾住正中央偏上的位置。

依「一重圓撮」步驟1至7（▶P.10）相同作法進行製作。

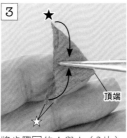

3

★
頂端

將步驟2的★與☆（2片）依箭頭方向對摺疊合。

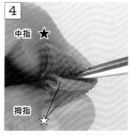

4

中指 ★
拇指 ☆

以拇指＆中指使步驟3★對齊☆（2片）。

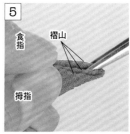

5

食指
褶山
拇指

將褶山的高度整理一致，並以食指壓住。

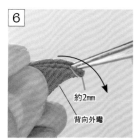

6

約2mm
背向外蹺

以鑷子夾住距頂端2mm處，將背向外彎伸。

7

以手指拉整頂端。

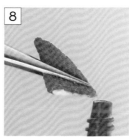

8

改以左手握住鑷子夾住裁切邊側旁，在裁切邊上沾附一層薄薄的白膠。

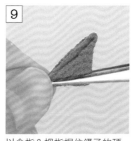

9

以食指＆拇指捏住鑷子的頂端，使裁切邊完全黏合。

10

一重劍撮完成！

❖ 端切　　依作品所需修剪裁切邊，調整花瓣高度的步驟稱為「端切」。

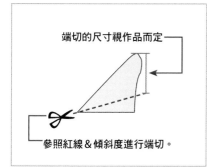

端切的尺寸視作品而定

參照紅線＆傾斜度進行端切。

1

以鑷子區隔出「端切」的位置。

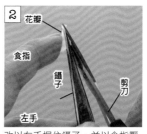

2

花瓣
食指
鑷子
剪刀
左手

改以左手握住鑷子，並以食指壓住花瓣的褶山，以免滑動。

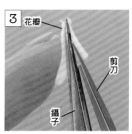

3

花瓣
剪刀
鑷子

此為步驟2放大圖，請沿著鑷子邊緣進行修剪。

✿ 4月 ✿

卯月（うづき）◆ APRIL

以聚酯纖維＆棉布等容易入手的布料，製作出可愛的春天小花飾品。正適合春季出遊，迎接溫暖陽光的休閒裝扮。

3非洲菊髮圈
▶P.15
1洋甘菊頸圈項鍊
▶P.13
3A
2洋甘菊耳環
▶P.14
3B
3C

洋甘菊頸圈項鍊

1

◆**1 材料**（1個）
〈布料〉花瓣…2cm正方形（聚脂纖維）×27片
〈底座〉圓形底座…底紙（直徑1.5cm厚紙）3片・底座布（一越縮緬）直徑2.5cm×3片・緞帶（3.5mm寬×4.5cm）3條
〈花蕊〉布料（一越縮緬）直徑2cm×3片・保麗龍球（直徑1cm）1.5個
〈裝飾・飾品五金〉彈性緞帶（9mm寬×28cm）1條・緞帶夾（10mm）2個・延長鍊1條・鉤釦1個・單圈（0.7×4mm）3個

【完成尺寸】直徑約2.7cm（花朵部分）

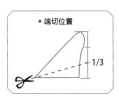

✤捏製花瓣➡準備底座➡葺花

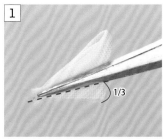

1 以「一重圓撮」（▶P.10）捏製花瓣後，端切1/3（▶P.11）。

2 完成端切後，在裁切邊上沾附黏著劑。

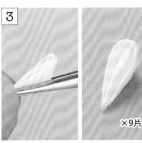

3 以食指＆拇指捏住鑷子的頂端，使裁切邊完全黏合。共製作9片花瓣，並靜置晾乾。

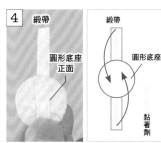

4 製作圓形底座（▶P.8）＆在正面中央放上緞帶，確定位置後以黏著劑貼合（黏著劑沾於緞帶背面）。

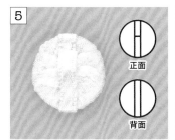

5 底座完成。

6 將底座正面塗上黏著劑。

7 在一重圓撮的裁切邊塗抹黏著劑。

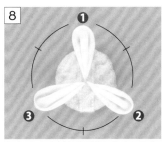

8 先在底座上以相同間距葺上3片花瓣。

9 在各間隔中分別葺上2片花瓣。

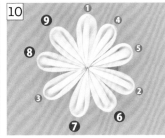

10 共葺上9片花瓣。

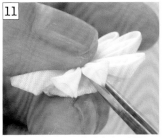

11 輕輕地以拇指按住花朵中央，以鑷子調整花瓣間距。

12 調整花瓣的高度，使側面的高度一致。

❀ 加上裝飾（花蕊）＆飾品五金，完成！

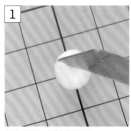

1. 將保麗龍球對半切開。

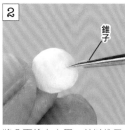

2. 將凸面塗上白膠，並以錐子塗抹勻勻。

3. 將保麗龍球凸面貼於花蕊用布的中央。

4. 以布片包覆保麗龍球，花蕊完成。

5. 將花蕊背面塗上黏著劑。

6. 將花蕊貼於花朵的中央。共製作3朵花。

7. 取彈性緞帶穿過花朵底座。

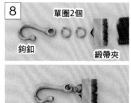

8. 以鉗子連接鉤釦・2個單圈・緞帶夾。

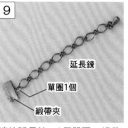

9. 連接延長鍊・1個單圈・緞帶夾。

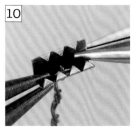

10. 以平口鉗＆圓口鉗打開緞帶夾。

11. 彈性緞帶兩端各摺入3mm，並以黏著劑固定。

12. 以緞帶夾夾住緞帶，並以鉗子捏緊閉合。

13. 完成！

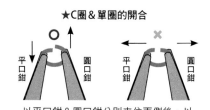

★ C圈＆單圈的開合

以平口鉗＆圓口鉗分別夾住兩側後，以前後方向開合。

❖ P.12_2

洋甘菊耳環

2

◆ 2材料（1組）

〈布料〉花瓣…2cm正方形（聚脂纖維）×18片

〈底座〉圓形底座…圓形底紙（直徑1.5cm厚紙）2片・底座布（一越縮緬）直徑2.5cm ×2片

〈花蕊〉布料（一越縮緬）直徑2cm×2片・保麗龍球（直徑1cm）1個

〈裝飾・飾品五金〉四爪底托耳環（直徑15mm）2個

【完成尺寸】直徑約2.7cm（花朵部分）

❀ 組裝飾品五金，完成！

1. 準備圓形底座（▶P.8）＆四爪底托耳環五金。

2. 以白膠將圓形底座貼於耳環的底托上，再以平口鉗將四爪內摺固定。

3. 葺上洋甘菊花朵，完成！

非洲菊髮圈

3B

3C

3A

◆3A・3B・3C材料（1個）

〈布料〉全棉巴厘紗
　花瓣…（第1段）4cm正方形×10片・（第2段）4cm正方形×10片
〈底座〉底座布（全棉巴厘紗）直徑2.5cm×1片
〈花蕊〉圓形底紙（直徑1cm厚紙）1片・泡棉（直徑1cm厚3mm）1片
　布料（一越縮緬）直徑2cm 1片・花蕊 20支・串珠用鐵絲#34
〈裝飾・飾品五金〉圓托髮圈（直徑2.5cm）
【完成尺寸】直徑約6.5cm（花朵部分）

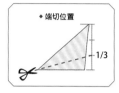

◆端切位置

1/3

✿ 以「劍撮變化」捏製花瓣

1

先將正方形布片的對角線塗上漿糊，再開始捏製「一重劍撮」（▶P.11）。

2

端切1/3（▶P.11）後，在裁切邊沾附白膠＆壓緊黏合。

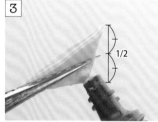

3

1/2

調整鑷子的角度，將下半部抹上白膠。

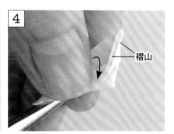

4

褶山

保持鑷子夾合的狀態，依箭頭方向將靠近身前的2個褶山一起往下翻開＆黏合。

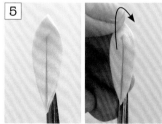

5

外翻頂端。

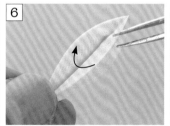

6

將右側1片褶山往左翻摺。

7

白膠

將距離頂端約1cm處，以鑷子直線塗上白膠。

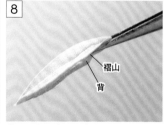

8

褶山

背

將鑷子穿入背＆褶山之間的間隙，作出花瓣中央的線條。

9

正面　背面

剪去突出正面的部分（○）。

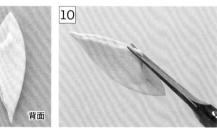

10

修剪突出的部分。

11

將修剪處的裁切邊塗上白膠。

12

正面　背面

花瓣完成！步驟 1 至 12 即為「劍撮變化」的作法。

🌸 準備底座 ➡ 葺花 ➡ 裝飾（花蕊），完成！

1

將髮圈的圓托塗上黏著劑。

2

將底座布貼於圓托上。

3
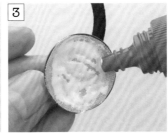
將底座均勻地塗上白膠。

4

在花瓣尖端的背面塗上白膠。

5

底座葺上一片花瓣。

6

順時針依序葺上花瓣。

7

第1段葺上10片花瓣。

8 第2段

於第1段花瓣與花瓣之間，堆葺上第2段花瓣。

9

順時針依序堆葺上10片花瓣。

10 圓形底紙
泡棉　　縮緬
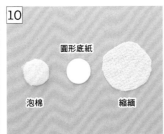
備齊泡棉・圓形底紙・縮緬。

11 圓形底紙
泡棉
縮緬
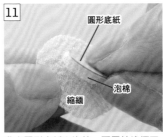
黏合圓形底紙＆泡棉，再置於縮緬正中央。

12
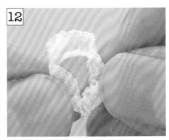
將縮緬塗上白膠，包覆底紙。

13

完成略有厚度的花心。

14
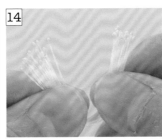
將20支花蕊對摺。

15 1cm　鐵絲
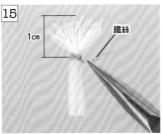
於上圖所示位置扭轉鐵絲，固定花蕊。

16

放射狀地撥開花蕊。

17

剪去固定鐵絲下方多餘的部分。

18
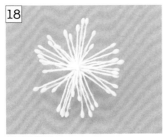
俯視的模樣。

19

將鐵絲花蕊塗上白膠，黏貼於花朵中央。

20

以白膠將步驟13的花心貼在花朵中心，完成！

4 2way杜鵑花髮夾
▶P.18

4A

與五月晴空＆新綠嫩葉交映增色的可愛杜
鵑＆菖蒲花。花瓣頂端的自然流線，使花
形更加栩栩如生。

4B

5 菖蒲髮夾
▶P.21

5A

5B

✤P.17_**4**

2way杜鵑花髮夾

4A

4B

◆**4**A・**4**B材料（1個）

〈布料〉一越縮緬
　花瓣…4cm正方形×15片
　葉子…3cm正方形×6片
〈底座〉花朵底座布（一越縮緬）直徑1.5cm×3片
　・金具底座布（一越縮緬）直徑3cm×2片・保麗
　龍球（直徑1.5cm）1個
〈花蕊〉花蕊 12支・串珠用鐵絲#34
〈裝飾・飾品五金〉
　2way髮夾（圓托直徑3cm）1個

【完成尺寸】約5.8×5.5cm（花朵部分）

☆**4**A布片色彩（▶P.41）

✿以「細褶圓撮」捏製花瓣

1
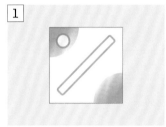
將花瓣用布依上圖所示位置塗上漿糊。

2

依「一重圓撮」步驟①至⑥（▶P.10）相同作法進行製作。

3
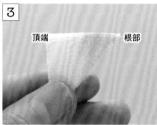
頂端　　　根部
改以左手持布，使根部位於右側。

4
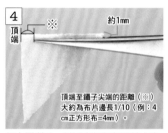
頂端　　　※　　約1mm
頂端至鑷子尖端的距離（※）大約為布片邊長1/10（例：4cm正方形布=4mm）。
如上圖所示，鑷子自根部朝頂端方向夾住，再180°上下翻轉。

5 ★
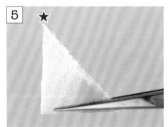
上下翻轉完成。

6 ★

★
打開★，沿著鑷子邊緣往下摺。

7
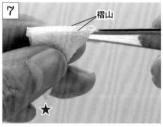
褶山
★
往下摺時稍微拉緊，使鑷子邊緣與褶山完全貼合。

8
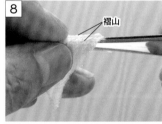
褶山
以食指整理褶山的高度並壓住固定。

9
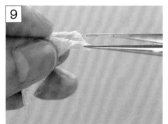
抽出鑷子。

10
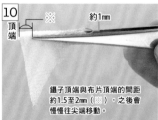
頂端　　※　　約1mm
鑷子頂端與布片頂端的間距約1.5至2mm（※），之後會慢慢往尖端移動。
依步驟④相同作法，以鑷子夾住布片＆稍微往根部移動。完成後直接上下翻轉180°至另一側。

11

上下翻轉完成。重複步驟⑥至⑨，作出褶子。

12

食指
以食指輕輕壓住鑷子頂端的布，再以拇指＆中指往下摺，就能作出漂亮的形狀。

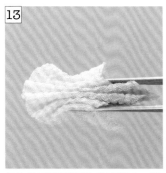 13

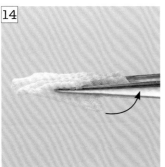 14

 15

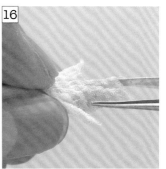 16

此作品每個花瓣可作出6個褶山。但褶山數可能會受鑷子的厚度＆布片大小影響。

步驟13側視圖。褶山與褶山的高度應一致。

以中指＆拇指夾住花瓣。

以食指輕輕壓住褶山後，抽出鑷子。

 17

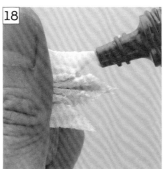 18

 19

以手指捏住根部，展平花瓣整理形狀。

壓住花瓣固定褶皺紋路，將裁切邊塗上白膠。

壓緊＆黏合根部。步驟1至19即為「細褶圓撮」的作法。

★細褶圓撮的端切

杜鵑花的作法是先將花瓣捏出尖角後，再進行端切。但需要保持花瓣圓弧輪廓的作品，則須在步驟19時進行端切。

🌸 將花瓣捏出尖角

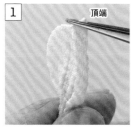 1 頂端

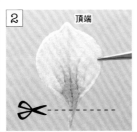 2 頂端

 3 根部

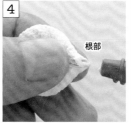 4 根部

 5 頂端

自背面捏住花瓣的頂端，作出尖角。

依圖示位置進行端切。

端切側視圖。

端切後若裁切邊散開，需再以白膠黏合。

花瓣完成。

🌸 葺花

 1 背面

 2

 3

 4 花瓣左側在上。

 5

花瓣背面朝上排列，共5片。

將底座布（直徑1.5cm）塗上白膠。

貼於花朵的中央。

翻回正面，使單片花瓣的左側疊置於相鄰花瓣的上方。

共製作3朵。

❹ 以「裡返劍撮」捏製葉子

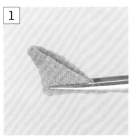
1
進行「一重劍撮」（▶
P.11），鑷子頂端指向背側
夾緊。

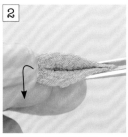
2
以拇指將頂端向下反摺。

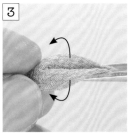
3
以手指將褶山向左右打開，
保持鑷子夾住的狀態直接翻
至背面。

4
放置於平面上，將打開面壓
平定型。

5
葉子完成。共製作6片。步驟
①至⑥即為「裡返劍撮」的
作法。

❺ 準備底座 ➡ 葺花 ➡ 加上裝飾＆飾品五金，完成！

1
2way髮夾
五金
底座布2片
保麗龍球1/2
準備2way髮夾・2片五金底
座布・1/2保麗龍球。

2
將圓托塗抹黏著劑＆貼上1片
底座布，再將保麗龍球貼於
底座布上。

3
將另一片底座布貼於保麗龍
球上。

4
將底座完整塗上白膠。

5
在花朵背面塗上白膠。

6
以手指輕壓花朵中心處，使
花朵黏貼於保麗龍球上。

7
注意不要貼到
夾子的部分。
葺上3朵花。

8
在葉子根部背面塗上白膠。

9
在花與花之間各葺上2片葉
子，葉子之間須稍微重疊。

10
葺上6片葉子。

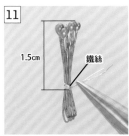
11
1.5cm
鐵絲
將4支花蕊對摺，並以鐵絲固
定。

12
剪去鐵絲下方多餘的部分。

13
塗上白膠。

14
將花朵中心塗上白膠＆貼上
花蕊。

15
完成！

菖蒲髮夾

5A

◆**5A・5B材料**（1個）

〈布料〉一越縮緬
花瓣A…3cm正方形×6片　花瓣B…1.5cm正方形×6片
花瓣C…2.5cm正方形×6片　花瓣D…1.5cm正方形×6片
花苞…2.5cm正方形×2片　花苞萼…2.5cm正方形×2片
葉子…5cm正方形×2片

〈底座〉花朵用鐵絲底座…圓形底紙（直徑1.2cm厚紙）2片・
底座布（一越縮緬）直徑2.5cm×2片・#24鐵絲 12cm×2支
葉子用…#24鐵絲12cm×2支　花苞用…#24鐵絲 12cm×1
支　繡線（綠色）

〈裝飾・飾品五金〉鴨嘴夾（9cm）1個・布料（一越縮緬）
1.5cm×3cm×1片・繡線（綠色）

【完成尺寸】約7.2×5cm（花朵部分）

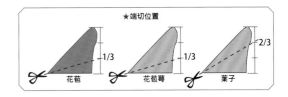

🌸以「裡返圓撮」捏製花瓣A ➡ 捏製花瓣B ➡ 葺花

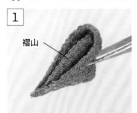

褶山

1

以花瓣A布進行「一重圓
撮」（▶P.10）。

2

以拇指輕壓褶山。

3

以鑷子捏出褶山後，翻至背
面。

4

翻至背面。

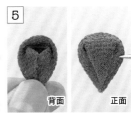

5

背面　正面

步驟1至5即為「裡返圓
撮」的作法。

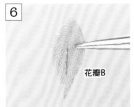

6

花瓣B

以花瓣B布進行「裡返劍撮」
（▶P.20）。

7

花瓣A　花瓣B

在花瓣B裁切邊塗抹白膠，並
黏貼於花瓣A的根部。

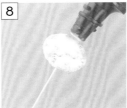

8

將鐵絲底座（▶P.8）塗上白
膠。

9

花瓣A背面根部塗上白膠。

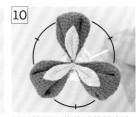

10

以相等間距將花瓣葺於底座
上。

🌸以「圓瓣劍撮」捏製花瓣C

1

以花瓣C布進行「一重劍
撮」（▶P.11）。

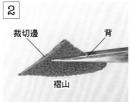

2

裁切邊　背
褶山

褶山向下，以鑷子自背側朝
向裁切邊重新夾取。

3

褶山　背
褶山

手指伸入褶山與褶山之間靠
近鑷子處，撐開裁切邊。

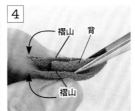

4

褶山　背
褶山

褶山向上翻摺至與背平行的
高度。

5

重新如圖所示夾取，並在裁
切邊塗抹白膠。

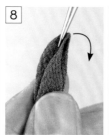

6	7	8	9	10	11
壓緊裁切邊使其黏合。步驟 1 至 6 即為「圓瓣劍撮」的作法。	捏住頂端,使褶山朝向內側。	自頂端內側往外彎摺。	以鑷子往下彎摺的同時,以拇指＆食指用力夾住,作出摺痕。	花瓣C完成。	在各花瓣A之間分別葺上1片花瓣C。

❸ 製作＆堆葺花瓣D

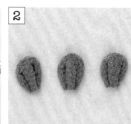

1	2	3	4	5
以花瓣D布進行「裡返圓撮」(▶P.21)。	將根部剪去約1mm,共製作3瓣。	直立地堆葺上3片花瓣D。	葺上3片花瓣D。	共製作2支。

❹ 捏製花苞＆花苞萼

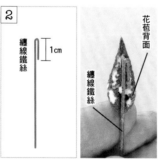

1	2	3	4
以花苞布進行「一重圓撮」(▶P.10),並端切1/3。	彎折纏線鐵絲(▶P.9)的上端後,在花苞背面塗抹白膠,貼上鐵絲。	再與另一片花苞貼合。	以花苞萼布進行一重圓撮,並端切1/3。

花苞背面
纏線鐵絲
纏線鐵絲
根部
頂端

5	6	7	8	9
在花苞萼背面塗抹白膠,自花苞下方1cm處開始向上貼合。	如圖所示貼上另一片花苞萼。	壓住花苞萼根部,扭轉花苞頂端。	扭轉完成。	在花苞下方2cm處彎折鐵絲。

✿ 製作葉子

1 以葉子布進行「一重圓撮」（▶P.10）後，端切2/3。並彎折鐵絲上端約1cm，塗上約3cm的白膠。

1cm
塗上3cm的白膠
鐵絲

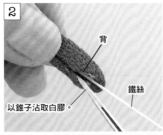

2 自一重圓撮的背側插入鐵絲，再以錐子沾取白膠黏合背側。

背
鐵絲
以錐子沾取白膠。

3 黏合背側。

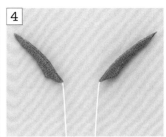

4 製作2片葉子。

✿ 組裝花・花苞・葉子 ➡ 加裝飾品五金，完成！

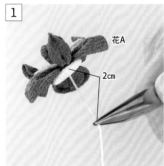

1 在其中1支（花A）底座下方約2cm處彎折鐵絲。

花A
2cm

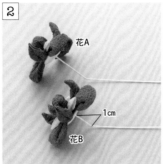

2 另一支（花B）則在底座下方約1cm處彎折鐵絲。

花A
1cm
花B

3 組合2支花朵，在接合處塗上白膠。

花B
花A

4 以繡線繞2圈。

5 加入花苞，再以繡線繞2圈。

花苞

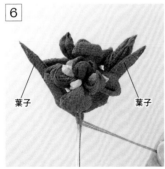

6 加入2支葉子＆以繡線纏繞。

葉子
葉子

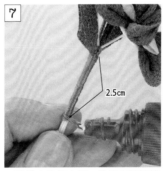

7 一邊塗上少許白膠一邊往下纏繞繡線，約繞2.5cm後剪去多餘的繡線，並塗上白膠固定。

2.5cm

8 在花朵交集點的下方1cm處，將鐵絲彎成直角。

1cm
1.5cm

9 剪去多餘的鐵絲。

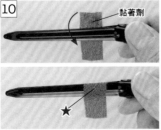

10 在髮夾間夾入1.5cm×3cm的布片。並將布片上半部塗抹黏著劑，貼在髮夾上。

黏著劑
★

11 在步驟10 ★處塗抹黏著劑，放上花飾的鐵絲部分，並將剩餘的布面塗上黏著劑後包覆鐵絲黏貼固定。

12 以布片將花飾固定於髮夾上。

13 以2個鐵夾自兩側夾住鴨嘴夾壓頭處，使鴨嘴夾呈打開狀。

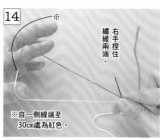

14 自繡線30cm處以拇指＆食指撐開繡線（此處為了方便圖示，特別以白色點出位置）。

※自一側線端至30cm處為紅色。

右手捏住繡線兩端。

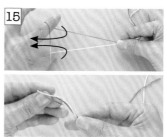

15 直接將拇指＆食指轉向內側，再合起拇指＆食指作出圓圈。

16 抽出手指後，就會形成一個線圈。

17 鴨嘴夾上側穿過線圈，再同時拉動2線端縮小線圈。

穿過線圈。

18 將2條繡線一起緊密地向內纏繞，包覆步驟10的布片。

19 將2條繡線夾入花飾鐵絲＆鴨嘴夾間的縫隙，再如上圖所示，以較短的線段（30cm）作出線圈。

以較短的一條繡線作出線圈。

20 以長線往回纏繞至★（始繞處），纏繞時需一同包覆住短線。

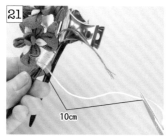

21 長線留10cm後，剪掉多餘的部分。

10cm

22 將步驟21中的剪線端穿過線圈，並拉緊短線縮小線圈。

縮小線圈。 拉線。

23 將線圈塗上白膠後，繼續拉緊短線，使線圈藏入纏繞的線中。

24 藏入線圈後，將兩條繡線同時往兩側拉緊。

25 貼近纏線邊緣剪去多餘的繡線，再將繡線塗上白膠＆以手指抹勻。

26 完成！

5B

☆5B布片色彩（▶P.41）

在梅雨季節時，紫陽花因雨滴的映襯而更顯美麗。以撥片狀的花瓣堆疊出立體感的牽牛花髮梳，則是搭配浴衣的最佳人氣飾品。令人期待夏天到來的主題創作登場！

6 雨滴
▶P.26

6A
夾式耳環

6B
耳環

8 紫陽花胸花
▶P.30

7 牽牛花髮梳
▶P.27

8A

8B

❖ P.25_**6**

雨滴耳環

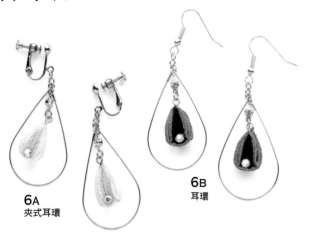

6A
夾式耳環

6B
耳環

◆**6A**・**6B**材料（1組）

〈布料〉一越縮緬
　6A：3cm正方形（白色）×2片・2cm正方形（白色）×4片・2cm正方形（水藍色）×2片
　6B：3cm正方形（藍綠色）×2片・2cm正方形（藍綠色）×4片・2cm正方形（黑色）×2片
〈底座〉底座布（一越縮緬）2cm×1cm×2片
〈裝飾・飾品五金〉9針（0.7×20mm）2個・單圈（0.7×4mm）8個・耳環五金 各2個・爪鑽（4mm 連雙圈）2個・水滴狀耳墜（25×40mm）1組・水鑽（4mm）2個
【完成尺寸】約1.8×1.2cm（水滴部分）

✿ 堆葺雨滴 ➡ 加裝飾品五金，完成！

1
以3cm正方形布片進行「裡返圓撮」（▶P.21）。

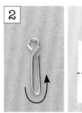

2
如上圖所示，將9針彎成U字形。再將底座布塗上白膠，對摺貼合。

3
如上圖所示，將底座布剪成梯形。

4
其中一面塗上白膠。

5
貼於裡返圓撮背面中央（凹面）。

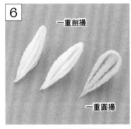

6
以2cm正方形布片捏製2片「一重劍撮」（▶P.11），1片「一重圓撮」（▶P.10）。

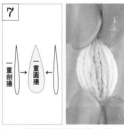

7
在一重圓撮兩側塗抹白膠，各貼上一片一重劍撮。

8
在裁切邊・兩側・背側塗抹白膠。

9
放入步驟⑤中。

10
將褶山向內拉近，包住內側布。

11
使所有褶山的高度統一整齊。

12
將水鑽塗上黏著劑。

13
貼於圓撮底部。

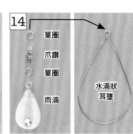

14
依上圖順序連接各配件後，再連接上水滴狀耳墜。

15
連接夾式耳環五金・2個單圈・步驟⑭的組件，完成！

牽牛花髮梳

7

◆**7材料**（1個）

〈布料〉一越縮緬
花瓣…3cm正方形×10片
花苞…3cm正方形×2片　花苞萼…2cm正方形×1片
葉子…2.5cm正方形×2片・3cm正方形×1片・1.5cm正方形×1片
〈底座〉花朵用…#24鐵絲 12cm×2支　葉子用…#24鐵絲 12cm
×1支　花苞用…#24鐵絲 12cm×1支
〈花蕊・藤蔓〉花蕊…大素玉花蕊 6支・串珠用鐵絲#34・花蕊用
布料（一越縮緬）2×1cm×2片　藤蔓…#24鐵絲 20cm×2支・
繡線（綠色）
〈飾品五金〉5齒髮梳（2cm）
【完成尺寸】約6×6.5cm（花朵部分）

☆**7**布片色彩（▸P.41）

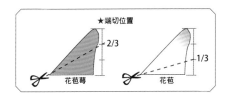

✤1 以「撥片圓撮」捏製花瓣

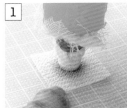

1 於花瓣布片中央薄薄地塗抹一層漿糊。

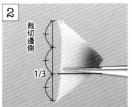

2 依P.10「一重圓撮」步驟1至6進行製作，並將鑷子夾於上圖所示位置。

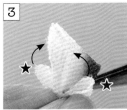

3 沿著裁切邊將★與★向上翻摺。

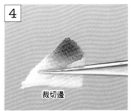

4 對齊裁切邊&以鑷子夾住。

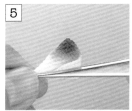

5 裁切邊沾取少量白膠後，壓住黏合。

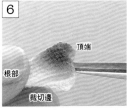

6 輕輕捏住裁切邊&根部，插入鑷子。

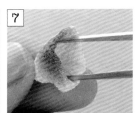

7 以鑷子將其橫向撐開。

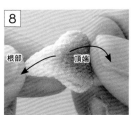

8 以手指捏住根部&頂端後，分別向外側翻摺。

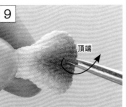

9 以鑷子夾住些許頂端後，向內扭轉。

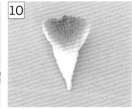

10 步驟1至10即為「撥片圓撮」的作法。共製作5片花瓣。

✤2 葺花➡加上裝飾&飾品五金，完成！

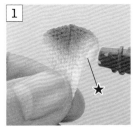

1 在花瓣★處塗抹白膠。

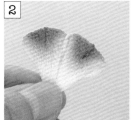

2 與另一片花瓣黏合。

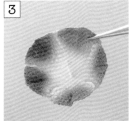

3 重複步驟1至2相同作法，黏合5片花瓣。

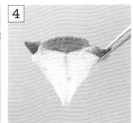

4 側視呈圓錐狀。

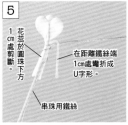

5 以串珠用鐵絲自花蕊圓珠下方綁住3支花蕊&彎成U字形的鐵絲。

6	7	8	9	10
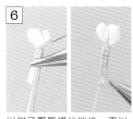	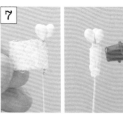	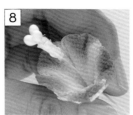	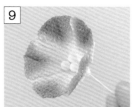	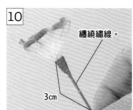
以鉗子壓扁鐵絲端後,再以串珠用鐵絲繼續纏繞固定。	以花蕊布塗抹白膠包覆鐵絲後,布片外側再次塗抹白膠。	插入花中。	將花蕊插入花中。	一邊在繡線上塗抹白膠,一邊以纏繞的方式包覆花朵下方的莖。 纏繞繡線。 3cm

✿ 以「裂瓣圓撮」捏製花苞萼 ➡ 製作花苞

1	2	3	4	5
	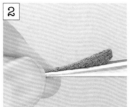	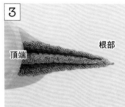	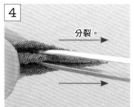	
以花苞萼布進行一重圓撮(▶P.10)後,端切2/3(▶P.11)。	在裁切邊塗抹少量白膠後,壓緊黏合。	以左手手持頂端部分。 頂端 根部	伸入鑷子,朝向根部劃開分裂。 分裂。	步驟 1 至 4 即為「裂瓣圓撮」的作法。花苞萼完成。

6	7	8	9	10
	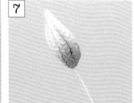			
以花苞布進行一重圓撮後,端切1/3。	重複P.22✿步驟 1 至 3 相同作法。	將花苞萼塗上白膠後,打開&貼於花苞下方。	將花苞萼葉片塗上少量白膠,貼合於花苞上。	捏住根部&花苞頂端,稍微扭轉。

✿ 製作藤蔓 ➡ 製作葉子 ➡ 組合花・葉・藤蔓

1	2	3
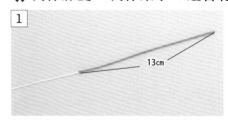	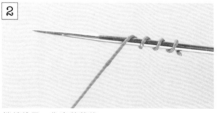	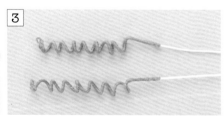
如上圖所示,在鐵絲一端13cm處纏繞繡線(▶P.9)。 13cm	捲繞錐子,作出藤蔓狀。	藤蔓完成。共製作2枝。

4	5	6	7	8
	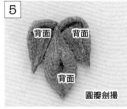	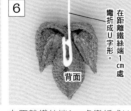	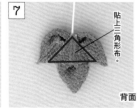	
背面 背面 裡返圓撮	背面 背面 背面 圓瓣劍撮	在距離鐵絲端1cm處彎折成U字形 背面	貼上三角形布。 背面	正面
以2.5cm正方形葉子布進行「裡返圓撮」(▶P.21),共捏製2片葉子,再翻至背面塗抹白膠貼合。	以3cm正方形葉子布進行「圓瓣劍撮」(▶P.21),捏製1片葉子,再翻至背面貼於步驟 4 上方。	在距離鐵絲端1cm處彎折成U字形,並黏貼於葉子中央。	將1.5cm正方形布片裁剪成三角形,貼於步驟 6 上方。	葉子完成。

9

準備2朵花＆在花朵下方1.5cm處輕輕地折出角度，再併合＆以白膠黏合。

10

以繡線纏繞固定。

11

將葉子置於花間，自葉子下方1.5cm處纏繞繡線。

12

在葉子的對面側加入花苞，自花苞彎下方2cm處纏繞繡線。

13

將藤蔓分別置於花＆花苞兩側，一邊塗抹白膠，一邊以繡線纏繞花束交集點下方2.5cm處。

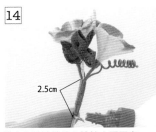
14

剪去多餘的繡線＆塗抹白膠固定。

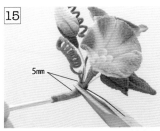
15

自花束交集處下方5mm處，彎折出直角。

16

剪去多餘的鐵絲。

🌼 加裝飾品五金，完成！

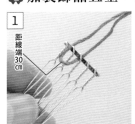
1

在線端30cm處彎摺，繞過髮梳左側第2齒。

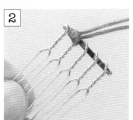
2

將兩端繡線同時纏繞髮梳2圈。

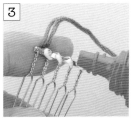
3

於髮梳上塗抹白膠至另一端。

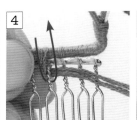
4

將🌼步驟16置於髮梳上，繡線繞過第2齒至正面。

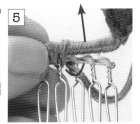
5

將繡線自正面繞過第3齒至背面。

6

重複步驟4至5相同作法，纏繞至髮梳尾端。

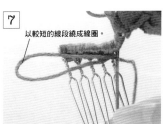
7

以較短的線段繞成線圈。

8

以長線將線圈＆髮梳繞緊。

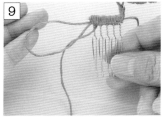
9

纏繞至開頭處後，保留10cm，剪去多餘的繡線。再將剪斷的繡線端穿過線圈。

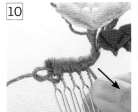
10

拉緊短繡線，縮小線圈。

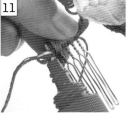
11

將線圈塗上白膠，繼續拉緊繡線，將線圈藏入纏繞的繡線中。

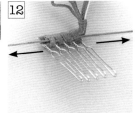
12

藏入線圈後，將兩條繡線同時往兩側拉緊。

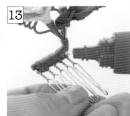
13

貼近纏繞邊緣剪去多餘的繡線，再將繡線塗上白膠＆以手指抹勻。

14

完成！

❖P.25_8

紫陽花胸花

8A

8B

◆8A・8B材料（1個）

〈布料〉一越縮緬　大花…3cm正方形×12片・小花…2cm
正方形×12片・葉子…3cm正方形×4片

〈底座〉
大花…底座布（一越縮緬）1cm正方形×3片
小花鐵絲底座…圓形底紙（直徑1.2cm厚紙）3片・底座
布（一越縮緬）直徑2.5cm×3片・#24鐵絲12cm×3支
葉子用…#24鐵絲12cm×2支

〈花蕊・藤蔓〉
花蕊…大素玉花蕊 3支・含羞草花蕊 10支・指甲油・水
鑽（2mm）3個・串珠用鐵絲#28

〈飾品五金〉網片胸針座（直徑40mm）・胸針座包裹布
（一越縮緬）直徑6cm×1片／直徑3.5cm×1片／直徑3cm
×1片

【完成尺寸】約6×7.5cm（花朵部分）

☆8A布片色彩（▶P.41）

❖捏製大小花朵 ➡ 葺花至底座

1

以大花布片進行「細褶圓
撮」（▶P.18），並依P.19❖
步驟1至5作法捏出尖角。

正面

2

將花瓣翻至背面，如圖排列
成「十」字。

背面

3

將底座布塗上白膠，貼於花
朵中央。

背面

4

剪下花蕊，塗上白膠。

5

貼於花朵正面中央處。

正面

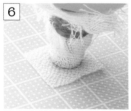

6

在小花布片中央塗上少量漿
糊。

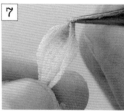

7

進行「一重圓撮」（▶
P.10），並自頂端處背面向
上捏尖。

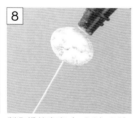

8

製作鐵絲底座（▶P.8）&塗
上白膠。

9

於對角處葺上2片小花花瓣。

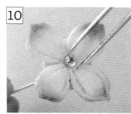

10

葺上剩餘的2片花瓣，再以黏
著劑將水鑽貼於花朵中央。

❖製作葉子

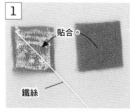

1

貼合。

鐵絲

將葉子布塗上少量白膠，取
鐵絲沿著對角線放置於布片
上，再貼上另一片葉子布。

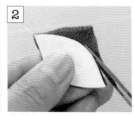

2

沿著葉子紙型裁剪出葉子形
狀。

3

以鑷子捏出葉脈。

4

共製作2片。

葉子
原寸紙型

✿ 加裝飾品五金，完成！

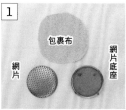
準備網片胸針座＆包裹布。

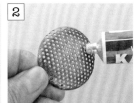
將網片凸面塗上黏著劑。

貼上包裹布，並將布邊塗上黏著劑。

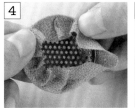
以布片包覆網片。

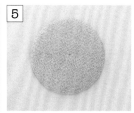
完整包覆。

將10支花蕊對摺，以串珠用鐵絲纏繞於圓珠下方加以固定。

以鐵夾等工具固定花蕊的根部，並以指甲油將花蕊染色。

剪去鐵絲下方的部分。

在花蕊底部塗上白膠。

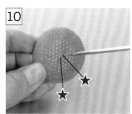
以錐子於網片中央鑿2個孔洞（★）。

將花蕊鐵絲穿過步驟10的孔洞中。

旋轉花蕊的鐵絲加以固定。

將鐵絲繞圈＆壓扁，與網片貼合。

在花朵背面塗上白膠。

在花蕊周圍葺上3朵大花。

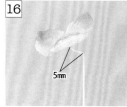
在小花下方5mm處彎曲鐵絲。

分別在大花與大花之間鑿洞，插入小花的鐵絲。

插入3朵小花。

將小花鐵絲扭成一束。

將鐵絲繞圓＆壓扁，與網片貼合。

將直徑3.5cm布片塗上黏著劑，貼於步驟20的網片上。

網片底座塗上黏著劑後，貼上2片葉子。葉子需稍微重疊。

將直徑3cm布片塗上黏著劑，貼於葉子鐵絲上。

將步驟21置於網片底座上，凹折底座四爪進行固定。

完成！

以簡約的V字鐵線蓮項鍊＆仿真的百合胸花，
完成妝點胸前的美麗夏季配飾。

9A

9 鐵線蓮項鍊
▶P.33

9B

10 百合胸花
▶P.35

鐵線蓮項鍊

◆9A・9B材料（1個）

〈布料〉緞布（polyester satin）
　　大花…2.5cm正方形×6片　小花…2cm正方形×12片

〈底座〉大圓形底紙（直徑1.4cm厚紙）3片・小圓形底紙
　　（直徑1cm厚紙）3片・底紙布（緞布）直徑2.5cm×3片
　　緞帶 6mm寬6cm×1條

〈花蕊〉花座 3個・水鑽（直徑4mm）3個

〈裝飾・飾品五金〉圓形底托（直徑15mm）3個・圓形
　　底托用布（棉布）直徑1.4cm×3片・單圈（0.7×4mm）
　　5個・金屬鍊（15cm）2條・延長鍊・龍蝦釦・C圈
　　（0.8×3.5×5mm）2個・鏤空飾片（水滴狀 約41×18
　　mm）1個

【完成尺寸】大花：直徑4.3cm　小花：直徑3.5cm

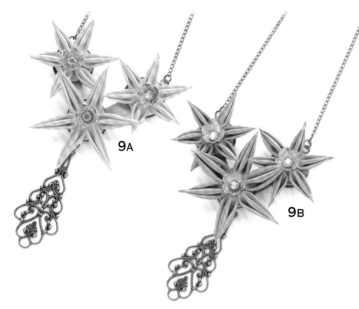

9A

9B

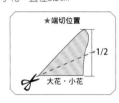

★端切位置

1/2

✂ 大花・小花

❶ 捏製花瓣 ➡ 堆葺大花＆小花

1

頂端不反摺。

以花朵布進行「一重圓撮」（▶P.10）步驟1至10，但頂端不反摺。

2

端切1/2（▶P.11）後，裁切邊沾取黏著劑捏合。

3

共捏製6片大花瓣。再重複步驟1至2相同作法捏製12片小花瓣＆放置晾乾。

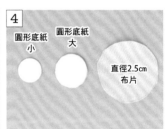

4

圓形底紙 小　圓形底紙 大

直徑2.5cm 布片

準備大・小圓形底紙＆直徑2.5cm布片。

5

以白膠將大・小圓形底紙貼於布片中央，再將周圍的餘布也塗上黏著劑，包覆住底紙。

6

於此面葺花。

7

將底座塗上黏著劑。

8

將背側塗上黏著劑

將花瓣背側塗上黏著劑。

9

先在底座中央葺上2片花瓣。

10

在兩花瓣間葺上2片花瓣。

11

大花

剩餘2片則對稱地葺於另一側。

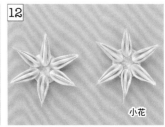

12

小花

以相同作法製作小花，共作2朵。

❷加裝飾品五金，完成！

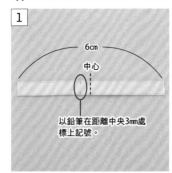

1

6cm
中心
以鉛筆在距離中央3mm處標上記號。

準備6cm的緞帶，以鉛筆在距離中央3mm處標上記號。

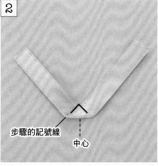

2

步驟❶的記號線
中心

將下緣向上摺＆對齊記號線，使中央呈直角。重疊部分塗上黏著劑貼合。

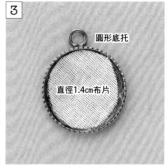

3

圓形底托
直徑1.4cm布片

將3個圓形底托各貼上圓形底托用布（直徑1.4cm）。

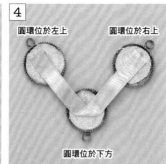

4

圓環位於左上   圓環位於右上
圓環位於下方

依圖示擺放圓形底托環，再將步驟❷的緞帶貼於圓形底托上。

5

將中央底座塗上黏著劑。

6

在大花背面塗上黏著劑。

7

將大花貼於中央底座上。

8

2朵小花分別貼在左右底座上。

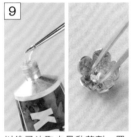

9

以錐子沾取少量黏著劑，置於花座上，再將水鑽貼於花座中央，作成花蕊。

10

在花朵中央塗抹黏著劑，貼上花蕊。

11

將3朵花都貼上花蕊。

12

單圈
鏤空飾片

準備1個單圈和鏤空飾片。

13

串連大花圓形底托圓環・單圈・鏤空飾片。

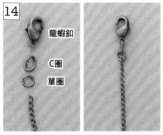

14

龍蝦釦
C圈
單圈

取一條金屬鍊與龍蝦釦・C圈・單圈串聯。

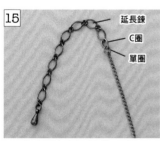

15

延長鍊
C圈
單圈

另一條金屬鍊則與延長鍊・C圈・單圈串聯。

16

單圈

將步驟❶❶金屬鍊的另一端穿上單圈，分別與左・右小花圓形底托圓環連接。

17

完成！

百合飾花

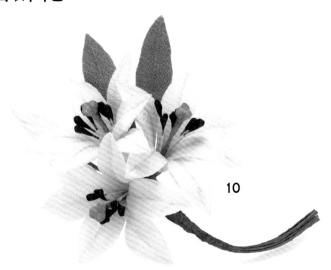

10

◆**10材料**（1個）

〈布料〉一越縮緬
　花瓣…6.5cm正方形×18片　　花苞…5cm正方形×2片
　葉子…6.5cm正方形×2片

〈底座〉
　花朵用…#24鐵絲 8cm×18支
　花苞用…#24鐵絲 18cm×1支
　葉子用…#24鐵絲 18cm×2支

〈花蕊〉小花蕊 18支・大花蕊 9支・花藝膠帶（綠色系
　／駝色系）・#24鐵絲 18cm×3支

〈裝飾・飾品五金〉胸針3.5cm）・串珠用鐵絲#28 #34
　眼影（黃綠色）

【完成尺寸】約10×14cm

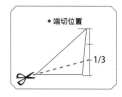

◆ 端切位置

1/3

❋ 捏製花瓣 ➡ 葺花

1

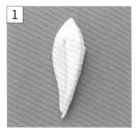

以花瓣布進行「劍撮變化」
（▶P.15）步驟①至⑥。

2

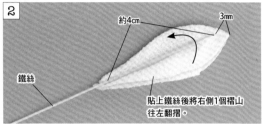

約4cm
3mm
鐵絲
貼上鐵絲後將右側1個褶山
往左翻摺。

將鐵絲前端4cm塗上白膠，在距離花瓣頂端3mm處，如圖所示
將鐵絲貼於花瓣中央。並參考P.15「劍撮變化」步驟⑥，將
右側的1個褶山往左翻摺。

3

1.5cm
頂端
白膠

以鑷子沾取白膠，直線地塗
抹花瓣頂端1.5cm。

4

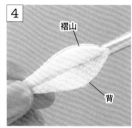

褶山
背

以鑷子夾於褶山＆背的縫隙
中，作出花瓣中央的脈絡。

5

正面
背面

重複P.15「劍撮變化」步驟
⑨至⑪，完成花瓣。

6

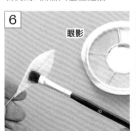

眼影

花瓣根部塗上綠色系眼影。

7

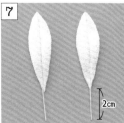

2cm

自花瓣根部下方2cm處剪去多
餘的鐵絲。共製作18片。

8

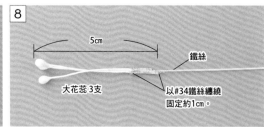

5cm
鐵絲
大花蕊 3支
以#34鐵絲纏繞
固定約1cm。

將3支大花蕊剪至5cm，再加上前端彎成U字形的鐵絲，以
#34鐵絲纏繞固定。

9

雌蕊

自大花蕊圓珠處開始纏繞上花藝膠帶
（駝色系），作成雌蕊。

10

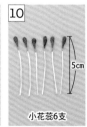

5cm
4cm
#34
小花蕊6支

在雌蕊周圍圍繞6支小花蕊（剪至5
cm長），以#34鐵絲纏繞於雌蕊4cm
處數圈加以固定。

11

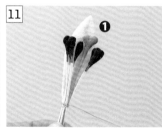

❶

加入1片花瓣，繼續以鐵絲纏繞2
圈。

12

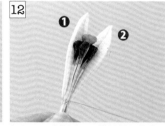

❶
❷

加入另一片花瓣，同樣以鐵絲纏繞2
圈固定。

13

共以3片花瓣圍繞於花蕊外圍,並以鐵絲纏繞固定。

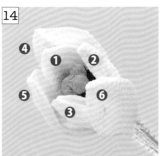

14

將剩餘的3片花瓣分別覆蓋於步驟13的花瓣之間,並以鐵絲纏繞固定。

15

以鐵絲纏繞至花朵下方約2cm處。

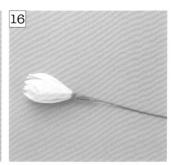

16

以花藝膠帶(綠色系)自花瓣根部纏繞至鐵絲下方。共製作3支。

✿ 製作葉子 ➡ 組合花朵&葉子 ➡ 加裝飾品五金,完成!

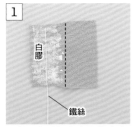

1

白膠

鐵絲

將葉子布的縱向半邊塗上白膠&貼上鐵絲。

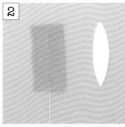

2

將葉子布對摺貼合。準備葉子紙型。

3

沿著葉子紙型裁剪葉子形狀。

4

將鐵絲纏繞上花藝膠帶(綠色系)。

葉子
原寸紙型

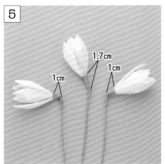

5

如圖彎折花莖。

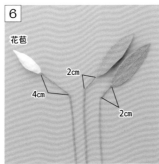

6

花苞

重複P.22✿步驟1至3,製作花苞。再如圖所示,彎折花苞&葉子。

7

將3支花集結成束,以鐵絲纏繞2圈固定。

8

花苞

葉子

3cm

加入花苞&葉子,以鐵絲纏繞至交集點下方3cm處。

9

纏繞花藝膠帶,隱藏鐵絲。

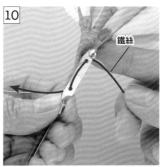

10

鐵絲

放上別針,以#28鐵絲穿過針孔。

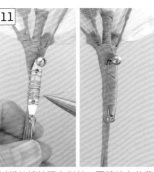

11

以鐵絲纏繞固定別針,再纏繞上花藝膠帶隱藏鐵絲。

12

整理百合花的形狀&將花莖彎出漂亮的角度,完成!

浮於水面的可愛睡蓮，擁有獨特裂痕的葉子以細褶圓撮
完美詮釋。充滿朝氣的向日葵則以不同的素材製作，享
受風格多變的美感體驗。

11 2way睡蓮髮夾
▶P.38

12A

12 向日葵髮夾
▶P.40

11B

12B

11C

✛P.37_11

2way睡蓮髮夾

11A

◆11A・11B・11C材料（1個）

〈布料〉一越縮緬
　花瓣…（第1段）4cm正方形×9片・（第2段）4cm正方形
　×6片・（第3段）3.5cm正方形×6片
　花蕊…2cm正方形×7片　葉子…6cm正方形×1片
〈底座〉圓形底紙（直徑3cm厚紙）1片・底座布（一越縮
　緬）直徑5cm 1片・不織布（直徑3cm 1mm厚）×1片
〈裝飾・飾品五金〉2way髮夾（圓托直徑3cm）1個
【完成尺寸】約6×6.8cm

☆11A布片色彩（▶P.41）

◆端切位置
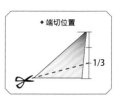
1/3

✿ 捏製葉子 ➡ 準備底座 ➡ 葺置葉子

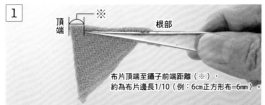

1
頂端　　　　　※　　　　　　　根部
布片頂端至鑷子前端距離（※），
約為布片邊長1/10（例：6cm正方形布=6mm）。

以葉子布進行「細褶圓撮」（▶P.18），並固定頂端至鑷子前端距離（※）（不需往根部移動），製作皺褶。

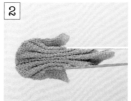

2
本作品須作出7個褶山。

3
在裁切邊塗抹白膠。

4
展開睡蓮葉，整理成圓弧形。

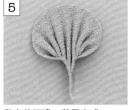

5
黏合裁切邊，葉子完成。

6
在2way髮夾圓托上塗抹黏著劑。

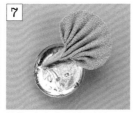

7
將葉子根部葺置於圓托上。

8
圓形底座
將直徑3cm不織布塗上黏著劑，貼於葉子上，再黏上圓形底座（▶P.8）。

9
以鐵夾夾住底座，靜置晾乾。

✿ 以「劍撮變化（含摺瓣）」捏製花瓣（第1段）

1
以「劍撮變化」（▶P.11）捏製第1段花瓣後，端切1/3（▶P.11）。

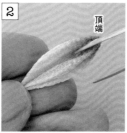

2
頂端
以鑷子將頂端塗上白膠，並同時作出摺線。

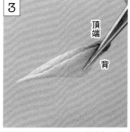

3
頂端
背
以鑷子夾緊頂端＆背側，使其確實黏合。

4
褶山
頂端
根部　　　褶山
褶山向左右翻開，再捏住頂端＆根部稍微反摺。

5
花瓣完成。步驟1至5即為「劍撮變化（含摺瓣）」的作法。

🌸 捏製花瓣（第2至3段）➡ 製作花蕊

1 重複P.21「圓瓣劍撮」步驟①至⑥後，將頂端略微彎曲。

2 花瓣完成。

3 斜側面的模樣。第2・3段各需6片。
×6片(第2段)
×6片(第3段)

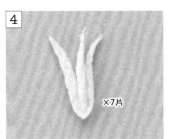

4 以花蕊布進行「裂瓣圓撮」（▶P.28），共製作7片。
×7片

🌸 葺花，完成！

1 將底座塗上白膠。

2 在第1段花瓣根部背面塗上白膠。

3 順時針葺上9片花瓣。

4 在第2段6片花瓣根部塗抹白膠，直立地堆葺於第1段上。

5 將第3段花瓣葺於第2段各花瓣間。

6 全部花瓣堆葺完成。

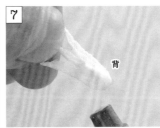

7 在花蕊背部塗抹白膠。
背

8 插入花朵中心處。

9 葺上7片花蕊。

10 在荷葉邊緣背面塗上少量白膠。

11 以鑷子捏出葉子的切口。

12 完成！

11B
11C
收縮花瓣的綻放程度，就能作出多種風情變化的睡蓮。

❖P.37_**12**

向日葵髮夾

12B

12A

◆**12**A・**12**B材料（1個）

〈布料〉

花瓣（**12A**全棉巴厘紗 **12B**一越縮緬）…（第1段）3.5cm正方形×8片・（第2段）3cm正方形×8片

葉子（**12A**全棉巴厘紗 **12B**一越縮緬）…3cm正方形×4片・使用紫陽花葉子紙型（P.30）

花蕊（**12A 12B**一越縮緬）…3cm正方形×2片・4cm正方形×2片

〈底座〉圓形底紙（直徑2cm厚紙）1片・底座布（**12A**全棉巴厘紗 **12B**一越縮緬）直徑3.5cm 1片・不織布（直徑2.5cm 1mm厚）×1片 葉子用鐵絲…#24鐵絲 5cm×2支

〈裝飾・飾品五金〉髮夾（5cm）1個・水鑽（直徑2mm）3個

【完成尺寸】約6.8×5.7cm

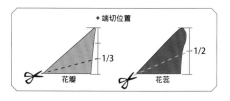

◆ 端切位置

1/3 花瓣

1/2 花蕊

✤ 捏製花瓣 ➡ 捏製花蕊 ➡ 葺花，完成！

1. 以花瓣布進行「劍撮變化（含摺瓣）」（▶P.38）。

2. 將花瓣翻至背面。

3. 將裁切邊塗上白膠後，以鑷子捏住倒向右側。

4. 若有突出花瓣輪廓的部分，請修剪乾淨。

5. 第1段＆第2段各製作8片花瓣。

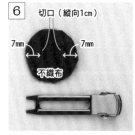

6. 切口（縱向1cm）

7mm　7mm

不織布

將不織布剪出2道1cm長的切口，並備好髮夾五金。

7. 將髮夾上層片穿過不織布切口＆以黏著劑固定。

8. 將不織布固定於髮夾上。

9. 圓形底座

在不織布中央貼上圓形底座（▶P.8）。

10. 依P.30✿步驟1至4相同作法，製作2片葉子，並剪斷突出於布面的鐵絲。

11. 將葉子葺於底座上，再均勻地塗上一層白膠。

12. 在花瓣根部背面塗抹白膠。

13. 第1段

葺上第1段的8片花瓣。

14. 第2段

在第1段各花瓣與花瓣之間，葺上第2段的8片花瓣。

15
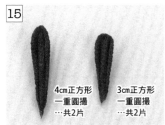
4cm正方形
一重圓撮
…共2片

3cm正方形
一重圓撮
…共2片

以花蕊布進行「一重圓撮」（▶P.10）後，端切1/2（▶P.11）。

16
在3cm正方形一重圓撮的側面塗上白膠。
根部
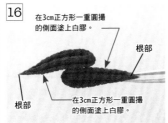
根部
在3cm正方形一重圓撮的側面塗上白膠。

在3cm正方形一重圓撮的側面塗上白膠，並如圖所示黏合。

17

根部

以左側一重圓撮根部包裹住右側一重圓撮，黏合。

18

右側一重圓撮往逆時針方向包覆＆黏合。

19
根部

4cm正方形

在4cm正方形一重圓撮的側面塗上白膠，黏於步驟18外側。

20
根部
4cm正方形

4cm正方形

將剩餘的4cm正方形一重圓撮的側面塗上白膠，如圖所示黏合，使整體呈圓形狀。

21

將花蕊塗上白膠，貼於花朵中央。

22

將水鑽塗上黏著劑，貼於花蕊上，完成！

✤ 布料的暈染技巧

藉由暈染布料，可以作出更仿真的作品。布料的暈染技巧很多，在此介紹的是以噴筆＆布料彩繪顏料來進行著色的方法。

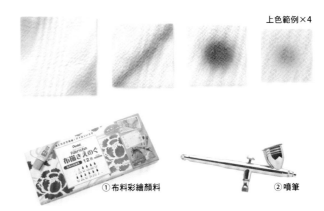
上色範例×4

① 布料彩繪顏料　　② 噴筆

● 材料

①布料彩繪顏料（飛龍）②噴筆（噴嘴直徑0.3mm）③白板④廚房紙巾⑤空氣罐⑥鐵夾⑦滴管⑧小碟子⑨筆⑩布料

● 步驟

1 以鐵夾將廚房紙巾固定於白板上。噴嘴過窄容易阻塞，所以建議使用噴嘴直徑大於0.3mm的噴筆（圖A）。

2 擠出長約5mm的顏料至小碟中（圖B）。

3 以滴管加入約1.5ml的水（圖B）。

4 以筆調勻顏料＆水。

5 將顏料倒入噴筆的顏料杯中（圖C）。

6 以鑷子捏住要上色的布片。先在廚房紙巾上著色確認，再少量＆慢慢地在布片上著色，同時注意上色均勻（圖D）。

A
⑥鐵夾
④廚房紙巾
⑤空氣罐
③白板
噴筆
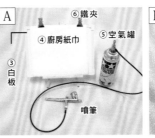

B
⑦滴管
※調勻顏料。
※水約1.5ml

⑧小碟子

C

※噴筆的顏料杯

D
※在布片上噴色。

將基本型的一重圓撮＆一重劍撮進行裂瓣處理後，分別
作成石竹（裂瓣圓撮）＆大理花（裂瓣劍撮），使仿真
度＆細膩感皆更上一層。

13 尖瓣大理花手環
▶ P.43

14 石竹髮梳
▶ P.44

尖瓣大理花手環

13

◆**13**材料（1個）

〈**布料**〉一越縮緬
花瓣…2.5cm正方形×34片

〈**底座**〉底座布（一越縮緬）直徑1.2cm×2片

〈**裝飾・飾品五金**〉鉤釦組（彎鉤：約17.5×10mm 圓環：約10.5×8mm）1組・金屬珠（直徑5.5mm）4個・短管帶環配件（約9.5×8mm）2個・花座（直徑12mm）2個・單圈（0.7×4mm）2個・T針（約0.7×20mm）2個・絲綢緞帶85cm 1條・水鑽（直徑2mm）6個

【**完成尺寸**】直徑約3.5cm（花朵部分）

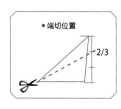

◆端切位置
2/3

✤ 以 「裂瓣劍撮」 捏製花瓣

1
以花瓣布進行「一重劍撮」（▶P.11）後，端切2/3。

2
在★處塗抹白膠。
根部
頂端 ★

3
捏緊塗抹白膠處，使其黏合。

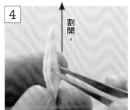
4
伸入鑷子，向根部方向割開。
割開。

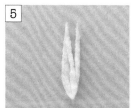
5
步驟①至⑤即為「裂瓣劍撮」的作法。

✤ 準備底座 ➡ 葺花

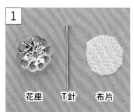
1
準備花座・T針・底座布。
花座　T針　布片

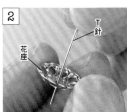
2
將T針穿過花座中央。
花座　T針

3
將布片塗上黏著劑貼於花座上。

4
將布片再次塗上白膠。

5
在花瓣背側塗上白膠。
背

6
將花瓣葺於底座上。

7
第1段共葺上7片花瓣。
第1段 =7片

8
第2段共葺上5片花瓣。
第2段 =5片

9
第3段共葺上3片花瓣。
第3段 =3片

10
第4段共葺上2片花瓣。
第4段 =2片

❸加上裝飾＆飾品五金，完成！

1 黏著劑

以錐子頂端沾取黏著劑，將黏著劑置於想黏貼水鑽的位置。

2

黏上水鑽。

3 7mm

將底座T針彎曲成直角。T針保留7mm長度，剪去多餘的部分（▶P.9）。

4

以圓嘴鉗將T針腳彎成圓圈狀。

5

花朵完成。共製作2朵。

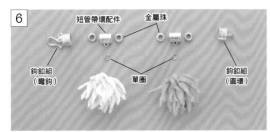
6 短管帶環配件　金屬珠　鉤釦組（彎鉤）　單圈　鉤釦組（圓環）

準備鉤釦組（彎鉤＆圓環）・金屬珠4個・短管帶環配件2個・單圈2個・布花2朵。以短管帶環配件連接步驟❺的花朵＆單圈，再依照上圖順序將金屬珠＆花朵穿過絲綢緞帶。

7

將絲綢緞帶兩端打結，並於結頭上塗抹黏著劑。

8

將絲綢緞帶結頭塞入鉤釦五金中，並以平嘴鉗壓緊固定。

9

完成！

P.42_14

石竹髮梳

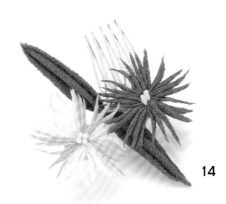
14

◆14材料（1個）

〈布料〉一越縮緬
　花A…2cm正方形×10片（白色5片・粉紅色5片）
　花B…2cm×10片（紅梅色）
　葉子…5cm正方形×2片
〈底座〉花朵用鐵絲底座…圓形底紙（直徑1.2cm厚紙）2片・底座布（一越縮緬）直徑2.5cm×2片・#24鐵絲 12cm×2支・葉子用…#24鐵絲 12cm×2支・繡線（綠色）
〈花蕊〉花蕊…小素玉花蕊 8支
〈飾品五金〉5齒髮梳（2cm）・繡線（綠色）
【完成尺寸】約7×6cm（花朵部分）

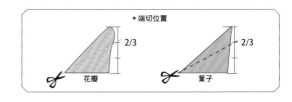
◆端切位置　2/3　花瓣　2/3　葉子

🌸捏製花瓣➡葺花

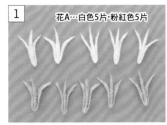
1 花A…白色5片・粉紅色5片

以花瓣布進行「裂瓣圓撮」（▶P.28）。

2 白色・粉紅色＝共2組

如上圖所示，在裂瓣圓撮花瓣側面塗抹白膠＆黏合。共製作2組。

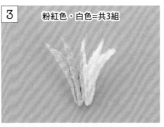
3 粉紅色・白色＝共3組

將剩餘的花瓣如上圖所示黏合。共製作3組。

4

如上圖所示排列花瓣組件。

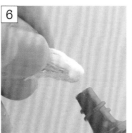

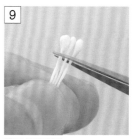

5. 將鐵絲底座（▶P.8）塗上白膠。
6. 在花瓣背側塗上白膠。
7. 將步驟4的花瓣依序茸於底座上。
8. 茸上5組花瓣後，稍微進行調整。
9. 剪下花蕊珠頭。

10. 在花朵中央塗抹白膠。
11. 將花蕊貼於中央。
12. 花A完成。
13. 以紅梅色布片依相同作法捏製花B。

❷ 捏製葉子 ➡ 組合花朵＆葉子 ➡ 加裝飾品五金，完成！

1. 依P.23❀步驟1至4相同作法，製作2片葉子。
2. 將花A＆花B鐵絲自底座下方1.5cm處彎折後，集合成一束，並在集結處塗上白膠。
3. 以繡線纏繞2圈。
4. 加入葉子後繼續纏繞繡線。

5. 4俯視的模樣。
6. 一邊將鐵絲補上白膠，一邊纏繞繡線至2.5cm處。
7. 如上圖所示彎折鐵絲＆剪去多餘的部分。
8. 依P.29❀步驟1至13相同作法，將布花安裝至髮梳上，完成！

10 月
神無月 ◆ OCTOBER
<small>かんなづき</small>

花語為「愛」的浪漫薔薇花。每一片花瓣都如實地作出自然律動，使花朵看起來更仿真。將滿滿的愛情，藉由和風布花傳遞給最重要的那一個人⋯⋯

15A

15B

15 薔薇胸花
▶P.48

15C

16A

16 2way薔薇花夾
▶P.50

16B

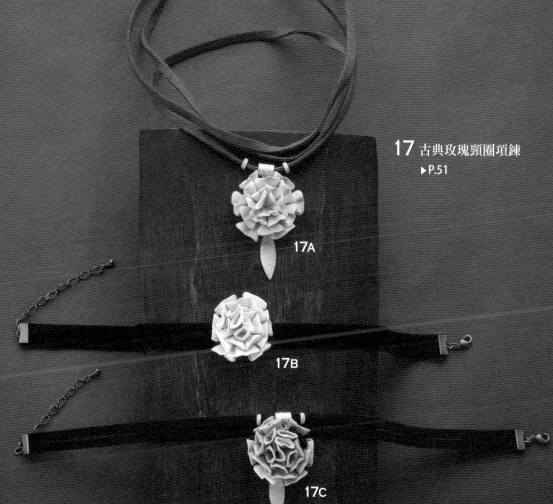

17 古典玫瑰頸圈項鍊
　▶ P.51

17A

17B

17C

✥ P.46_15

薔薇胸花

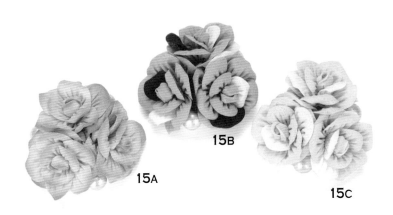

◆15A・15B・15C材料（1個）

〈布料〉全棉巴厘紗
　花瓣…（第1段）2.5cm正方形×6片・（第2段）4cm正方形×9片・（第3段）5cm正方形×15片・（第4段）5cm正方形×15片
〈底座〉花蕊…（全棉巴厘紗）2cm正方形×3片・#24鐵絲12cm×3條　花…底座布（全棉巴厘紗）直徑2cm×6片　網片胸針座…底座布（全棉巴厘紗）直徑5cm×1片／直徑3cm×1片　棉珍珠用…#28鐵絲36cm×3支
〈裝飾・飾品五金〉網片胸針座（直徑30mm）1個・棉珍珠（直徑12mm 3個・直徑10mm 6個）

【完成尺寸】約6.7×7cm（花朵部分）

☆ 15A布片色彩 （▶P.41）

❀1 捏製花瓣

1
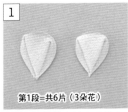
第1段=共6片（3朵花）

在第1段花瓣布片中央塗上漿糊後，進行「裡返圓撮」（▶P.21）。

2
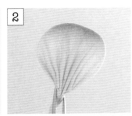

以第2至4段的花瓣布片進行「細褶圓撮」（▶P.18）。

3
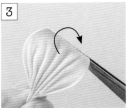

以鑷子捏住花瓣前緣向後翻。

4
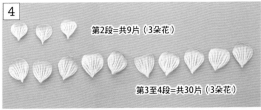
第2段=共9片（3朵花）
第3至4段=共30片（3朵花）

只要將花瓣前緣作出不同的彎摺弧度，成品就會更仿真。

❀2 葺花

1
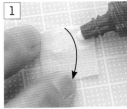

將花蕊布（2cm正方形）上半部塗上白膠後對摺。

2
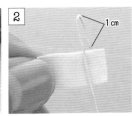
1cm

取#24鐵絲彎折1cm後，勾住步驟1。

3
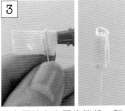

將布面塗上白膠後捲起，製成花蕊。

4
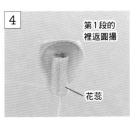
第1段的裡返圓撮
花蕊

將花蕊塗上白膠，葺上第1段花瓣（凹面在內側）。

5
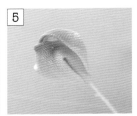

重疊葺上另片花瓣，第1段完成。

6
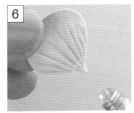

將第2段花瓣根部塗上黏著劑。

7

葺於第1段外側。

8

第2段共葺上3片花瓣。

9

將第3段的5片花瓣翻至背面，中央塗上白膠後，葺於底座布（直徑2cm）上。

10
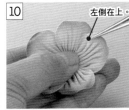
左側在上。

翻回正面，使每片花瓣的左側重疊於相鄰的花瓣上方。

11 以錐子在花瓣中央鑿出一個孔洞。

12 將第2段花瓣根部塗上黏著劑。

13 將花朵的鐵絲插入第3段花瓣中央。

14 貼合第2・3段花瓣。

15 依步驟⑨至⑪相同作法，組合上第4段花瓣，並與第3段貼合。共製作3朵。

❀ 加裝飾品五金，完成！

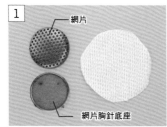
1 準備網片胸針五金。將網片塗抹黏著劑，包覆上底座布（直徑5cm）。

2 放上圓圈板，將圓分成3等分，並於離中央1cm處標上記號。

3 以錐子於記號處鑿出孔洞。

4 將花朵插入網片上的孔洞後，翻至背面扭轉鐵絲加以固定。

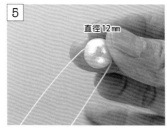
5 取#28鐵絲穿過12mm的棉珍珠。

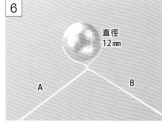
6 鐵絲在中央擰轉2至3次。

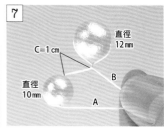
7 以鐵絲A端穿過10mm珍珠。

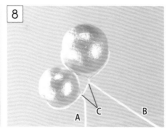
8 A・C一起扭轉2至3次，固定珍珠。

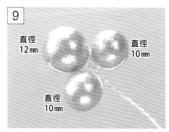
9 依步驟⑦至⑧相同作法，以鐵絲B穿過10mm珍珠。共製作3組。

10 在薔薇間的網片上鑿孔，插入珍珠。

11 擰緊珍珠＆薔薇的鐵絲後，剪去多餘的鐵絲。

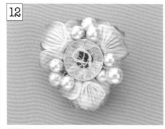
12 將鐵絲繞圈＆壓扁，使其貼合網片。

13 將底座布（直徑3cm）塗抹黏著劑後貼上。

14 蓋上步驟①網片胸針底座，彎折固定爪進行固定。

15 整理花瓣的形狀。

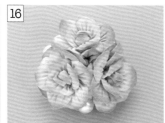
16 完成！

✤ P.46_16

2way薔薇花夾

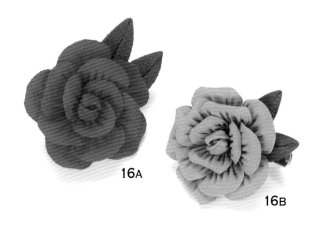

16A

16B

◆16A・16B材料（1個）

〈布料〉花瓣（**16A**—越縮緬 **16B**全棉巴厘紗）…（第1段）5cm正方形×5片・（第2段）5cm正方形×5片・（第3段）4cm正方形×3片・（第4段）2.5cm正方形×2片
葉子（**16A**—越縮緬 **16B**全棉巴厘紗）…6cm正方形×2片
〈底座〉底座布（**16A**—越縮緬 **16B**全棉巴厘紗）直徑3cm×1片・花蕊（**16A**—越縮緬 **16B**全棉巴厘紗）2cm正方形×1片
〈裝飾・飾品五金〉2way髮夾（直徑30mm）1個

【完成尺寸】約5.8×7cm（花朵部分）

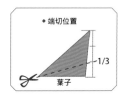

◆ 端切位置

1/3

葉子

🧷 捏製葉子 ➡ 準備底座 ➡ 捏製花瓣 ➡ 葺花

1

以葉子布片進行「劍撮變形」（▶P.15）。

2

將2way髮夾的圓托塗上黏著劑。

3

葺上2片葉子藏住髮夾爪，再貼上底座布。

4

依P.48🧷步驟②至④相同作法，以「細褶圓撮」捏製1至3段的花瓣。

5

在第4段花瓣布中央塗抹漿糊，進行「裡返圓撮」（▶P.21），共捏製2片。

6

將底座塗上白膠後，將第1段花瓣裁切邊也塗上白膠，葺置於底座上。

7

共葺上5片花瓣，並使各花瓣左側重疊於相鄰花瓣上方。

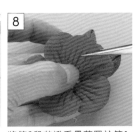

8

將第2段花瓣重疊葺置於第1段花瓣與花瓣之間。

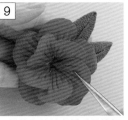

9

同樣使各花瓣左側重疊於相鄰花瓣上方。

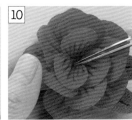

10

重疊葺上第3段的3片花瓣。

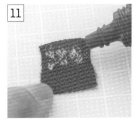

11

將底座布（2cm正方形）上半部塗上白膠後對摺。

12

再次塗上白膠，以鑷子將布片捲成圓柱狀，作為花蕊。

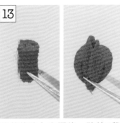

13

將花蕊塗上白膠後，將第4段的裡返圓撮花瓣以包覆的方式黏於兩側。

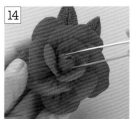

14

將第4段花瓣根部塗上白膠，插入花朵中央。

15

將第4段花瓣向外彎出弧度，完成！

古典玫瑰頸圈項鍊

17A

◆17A・17B・17C材料（1個）

〈布料〉全棉巴厘紗 花瓣…（第1段）2.5cm正方形×6片・（第2段）2.5cm正方形×6片・（第3段）2cm正方形×6片・（第4段）2cm正方形×3片

〈底座〉底座布（全棉巴厘紗）直徑1.5cm×1片

〈裝飾・飾品五金〉

17A 雙環圓形底托（直徑15mm）1個・皮繩（6mm寬118cm）1條・金屬珠（直徑5.5mm）2個・短管帶環配件（約9.5×8mm）1個・單圈（0.7×4mm）2個・葉子墜飾1個

17B 圓形底托（直徑15mm）1個・彈性緞帶（9mm寬30cm）1條・緞帶夾（10mm）2個・延長鍊1條・龍蝦釦1個・單圈（0.7×4mm）2個／（1.0×6mm）1個・C圈（0.8×3.5×5mm）2個

17C 雙環圓形底托（直徑15mm）1個・皮繩（6mm寬30cm）2條・金屬珠（直徑5.5mm）2個・短管帶環配件（約9.5×8mm）1個・單圈（0.7×4mm）4個・C圈（0.8×3.5×5mm）2個・葉子墜飾1個・延長鍊1條・龍蝦釦1個・緞帶夾（10mm）2個

【完成尺寸】直徑約3.5cm（花朵部分）

☆17A布片色彩（▶P.41）

❀ 準備底座 ➡ 捏製花瓣 ➡ 葺花 ➡ 加裝飾品五金，完成！

1
將圓形底托塗上黏著劑，貼上底座布。

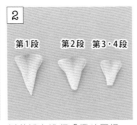

2
第1段　第2段　第3・4段
以花瓣布進行「撥片圓撮」（▶P.27），再將第2至4段花瓣根部裁去約2mm。

3
在底座塗抹白膠後，將花瓣根部也沾取少量白膠，對角地葺上第1段花瓣（❶&❷）。

4
依序葺上剩餘的第1段花瓣（❸&❹・❺&❻）。

5
在第1段各花瓣之間，同樣對角地（❼&❽）葺上第2段花瓣。共6片。

6
完整葺上第2段花瓣的模樣。

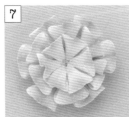

7
第3段也葺上6片花瓣。

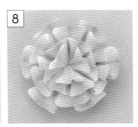

8
第4段葺上3片花瓣。

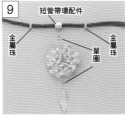

9
短管帶環配件
金屬珠　　　金屬珠
　　　　單圈
將皮繩分別穿入2個金屬珠＆1個短管帶環配件，並以單圈連接花朵＆墜飾。

10
完成！使用時只需打一個蝴蝶結固定即可。

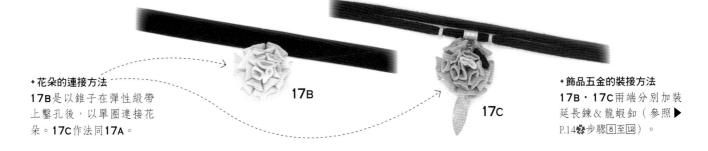

17B

17C

◆花朵的連接方法
17B是以錐子在彈性緞帶上鑿孔後，以單圈連接花朵。17C作法同17A。

◆飾品五金的裝接方法
17B・17C兩端分別加裝延長鍊＆龍蝦釦（參照▶P.14步驟[8]至[12]）。

銀杏×菊花×楓葉——飄逸灑落的迷你秋景飾品三連發。以集結秋季代表性圖騰的髮梳，來裝扮秋季穿搭也很推薦喔！

18
銀杏胸花
▶P.53

19
二重劍菊胸花
▶P.54

20
楓葉胸花
▶P.55

21
秋意髮梳／菊・楓葉・銀杏
▶P.56

銀杏胸花

18

◆**18材料**（1個）

〈布料〉一越縮緬
　　　葉子…2.5cm正方形×2片
〈底座〉底座布（一越縮緬）直徑2.5cm×1片・圓形底紙
　　　（直徑1.5cm厚紙）1片・手縫線
〈莖〉#24鐵絲 3cm・繡線（金色）
〈飾品五金〉別針（2cm）
【完成尺寸】約3×2.5cm（葉子部分）

☆ **18布片色彩**（▶P.41）

銀杏底座
原寸紙型

❀1 準備底座

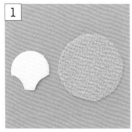 1	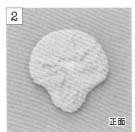 2	 3	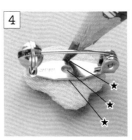 4	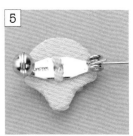 5
準備剪成銀杏形狀的底紙＆底座布。	將底紙塗上白膠＆包上底座布。圖示此正面即為堆葺葉子的台面。 正面	底座背面。 背面	將別針置於底座背面，以鉛筆標出3個穿縫的位置（★）。	以錐子於記號處鑽孔，再以針線將別針縫於底座背面。

❀2 捏製葉子 ➡ 葺花

 1	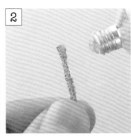 2	 3	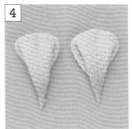 4	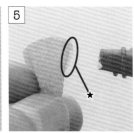 5
將3cm鐵絲纏繞上繡線（▶P.9）。	將鐵絲端1cm處塗上黏著劑。	貼於底座中央。 正面	以葉子用布進行「撥片圓撮」（▶P.27）。	在★處塗抹白膠。

 6	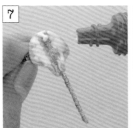 7	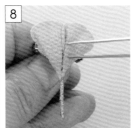 8	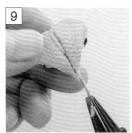 9	 10
黏合2片葉子。	將底座塗上白膠。	將葉子葺於底座上。	以圓嘴鉗將莖稍微彎曲。	完成！

✤ P.52_19

二重劍菊胸花

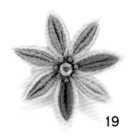

19

◆ **19材料**（1個）

〈布料〉一越縮緬
　外側花瓣…2cm正方形×7片（乳白色）
　內側花瓣…2cm正方形×7片（黃綠色4片・黃色1片・抹茶
　綠1片・橘色1片）
〈底座〉底座布（一越縮緬）直徑2.5cm×1片・圓形底紙
　（直徑1.5cm厚紙）1片・手縫線
〈花芯〉花座（直徑7mm）1個・水鑽（4mm）1個
〈飾品五金〉別針（2cm）
【完成尺寸】直徑約3.3cm（花朵部分）

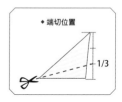

◆ 端切位置

1/3

✤ 以「二重劍撮」捏製花瓣

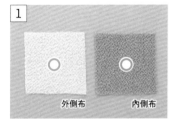

1

準備外側＆內側花瓣用布，並在布片中央○處塗上少許糨糊（▶P.5）。

2

外側布

對摺外側布。

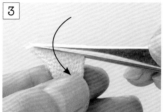

3

再次對摺。

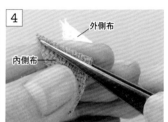

4

外側布

內側布

將外側布夾於左手食指＆中指間，依步驟❷至❸相同作法對摺內側布。

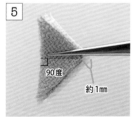

5

90度

約1mm

外側布在上，並使兩短邊較內側布向內縮1cm。

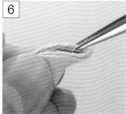

6

依「一重劍撮」步驟❷至❼（▶P.11）相同作法，將兩布片同時進行劍撮。

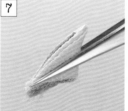

7

雖然「二重劍撮」的基本作法是切齊裁切邊後，塗抹白膠＆壓緊黏合即完成，但此作品須端切1/3（▶P.11）。

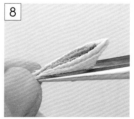

8

將裁切邊塗抹白膠＆壓緊黏合。

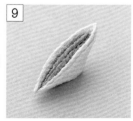

9

花瓣完成。共捏製7片花瓣。

✤ 準備底座 ➡ 葺花

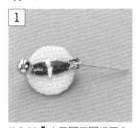

1

依P.53✤步驟❹至❺相同作法，縫合別針＆圓形底座（▶P.8）。

2

順時針葺上7片花瓣。

3

7片花瓣葺置完成。

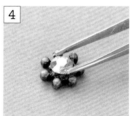

4

將水鑽沾取黏著劑後貼於花座上。

5

貼於花朵中央。

楓葉胸花

20

◆**20材料**（1個）

〈布料〉一越縮緬
　　葉子…3cm正方形×1片・2.5cm正方形×2片・2cm正方形
　　×2片・1.5cm正方形×2片
〈底座〉底座布（一越縮緬）直徑2.5cm×1片・圓形底紙
　　（直徑1.5cm厚紙）1片・手縫線
〈裝飾〉#24鐵絲 5.5cm・繡線（橘色）・水鑽（2mm）1個
〈飾品五金〉別針（2cm）
【完成尺寸】約3.5×3cm（花朵部分）

☆**20布片色彩**（▶P.41）

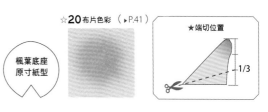

楓葉底座
原寸紙型

★端切位置

1/3

❀ 準備底座

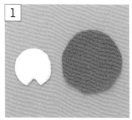

1　準備修剪成楓葉底座形狀的底紙＆底座布。

2　依底紙切口位置，於布面上，剪開切口以便進行包裹。

3　將底紙塗上白膠＆包上底座布。圖示此正面即為堆葺葉子的台面。　正面

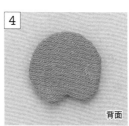

4　底座背面。　背面

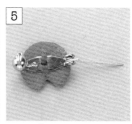

5　依P.53❀步驟4至5相同作法，縫合別針＆底座。

❀ 捏製葉子 ➡ 葺花

1　在葉子布中央塗上糨糊，進行「一重圓撮」（▶P.10）後，端切1/3。再自葉子背面拉尖頂端。

2　將底座塗上白膠，再將以3cm正方形布片製作的葉子葺於中央。

3　將2.5cm正方形布片葉子葺於3cm正方形布片葉子兩側。

4　左右對稱地貼上2cm正方形葉子＆1.5cm正方形葉子。

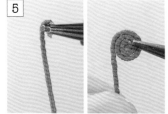

5　將5.5cm鐵絲纏上繡線（▶P.9），再以圓嘴鉗自一側邊端捲成多重圓圈狀。

6　另一端也以圓嘴鉗捲捲一個圈。

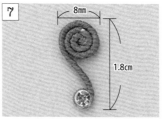

7　將水鑽沾取黏著劑，貼於小圈中，作成楓葉葉柄。　8mm　1.8cm

8　將葉柄塗上白膠，貼於楓葉中央，完成！

✤ P.52_21

秋意髮梳／菊・楓葉・銀杏

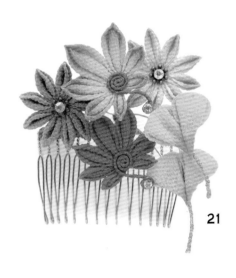

21

◆**21材料**（1個）

〈布料〉一越縮緬　銀杏…2.5cm正方形×4片　楓葉…3cm
正方形×2片・2.5cm正方形×4片・2cm正方形×4片・1.5
cm正方形×4片　菊…2cm正方形×18片
〈底座〉
鐵絲底座…圓形底紙（直徑1.5cm厚紙）6片・底座布（一
越縮緬）直徑3cm×6片・#24鐵絲 12cm×6支
〈莖〉
銀杏…#24鐵絲 3cm×2支・繡線（金色）
〈花蕊・裝飾〉
楓葉用…#24鐵絲 5.5cm×2支・繡線（橘色）・水鑽（2
mm）2個
菊…座金（直徑7mm）2個・水鑽（4mm）2個
〈飾品五金〉15齒髮梳・繡線（橘色）
【完成尺寸】約8×7.2cm

☆21布片色彩（▶P.41）

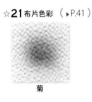

菊

◆端切位置

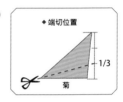

1/3

菊

✿ 準備底座 ➡ 葺花

1

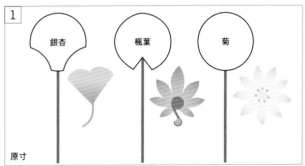

原寸

銀杏（▶P.53）楓葉（▶P.55）・菊，
各捏製2朵&葺於鐵絲底座（▶P.8）上。

2

菊是以「一重劍撮」（▶P.11）捏製9片菊花花瓣
&端切1/3後，葺於鐵絲底座上，再依P.54❷步驟
④至⑥相同作法貼上花蕊。

✿ 組合葉子 ➡ 加裝飾品五金，完成！

1

楓葉

楓葉

1.5cm

在距離楓葉底座下方1.5cm處彎折鐵絲，再將2支
楓葉合併成束，於集結處塗上白膠。

2

以繡線纏繞2至3圈。

3

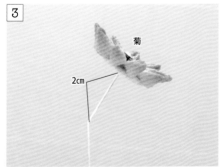

菊

2cm

在距離菊花底座下方2cm處彎折鐵絲。

4

楓葉

菊

菊

楓葉

如圖所示配置上2支菊花。

5

以繡線纏繞2圈。

6

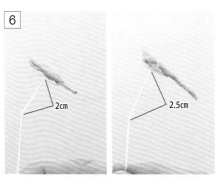

2cm

2.5cm

銀杏其中一支於距離底座下方2cm處彎折鐵絲，
另一支則於2.5cm處進行彎折。

7

銀杏

如圖所示配置上於2cm處彎折的銀杏，以繡線纏
繞2圈。

8

銀杏

銀杏

如圖所示配置上另一片銀杏，再以繡線纏繞2
圈。

9

3.5cm

自集結點至下方3.5cm處，一邊塗上白膠一邊纏繞
上繡線固定鐵絲，完成後剪去多餘的繡線。

10

將尾端塗上白膠加強固定。

11

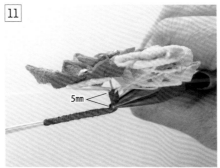

5mm

在距離集結點下方5mm處，以平嘴鉗彎出直角。

12

剪去多餘的鐵絲。

13

裝飾布花完成。

14

依P.29✿步驟1至13，以繡線將布花固定於髮梳
上。

15

完成！

蝴蝶蘭的花語為「幸福飛來」。這是非常適合喜慶宴席的髮簪。拆下垂穗，就能與洋裝搭配。

22 蝴蝶蘭髮簪
▶P.59

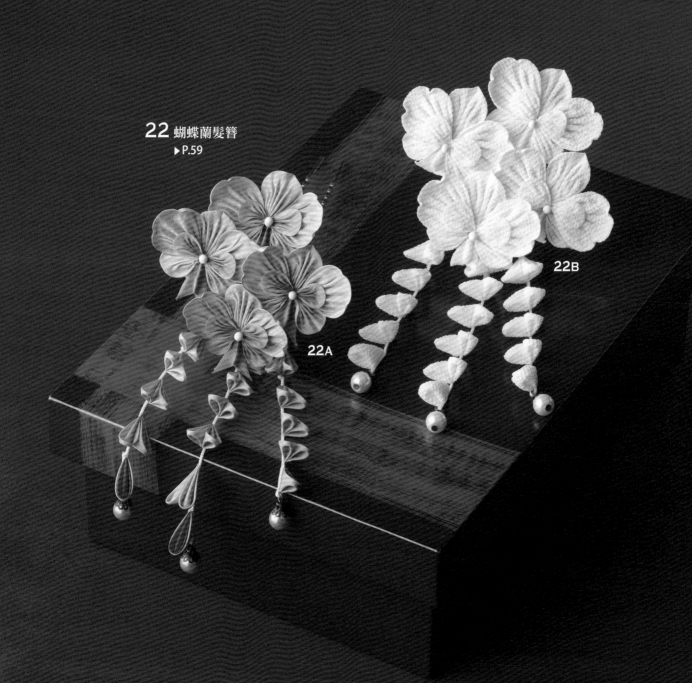

22A

22B

蝴蝶蘭髮簪

22A

◆**22A・22B材料**（1個）

〈布料〉**22A** 羽二重10文目 **22B** 一越縮緬
　花瓣A…4cm正方形×4片　花瓣B…3cm正方形×8片
　花瓣C…2.5cm正方形×4片　花瓣D…5cm正方形×8片
　花瓣E…2.5cm正方形×8片
　垂穗（一重圓撮）…2.5cm正方形×26片
　垂穗（二重圓撮）…2.5cm正方形×6片（外側3片・內側3片）

〈底座〉
　鐵絲底座…圓形底紙（直徑2cm厚紙）4片・
　底座布（一越縮緬）直徑4cm×4片・#24鐵絲 12cm×4支
　垂穗用釘鈀（熊手）…#24鐵絲 12cm×3支

〈垂穗〉
　繩（都繩 1mm粗・螺縈含PP芯）15cm×2條・18cm×1條・
　珍珠串珠（直徑8mm）3個・T針（0.7×30mm）3個・花座
　3個　　　　　　　　　　　　　　　　※都繩 日文為「都ひも」。

〈花蕊〉大素玉花蕊 4支

〈飾品五金〉
　雙釵髮簪（11.5cm）・繡線（**22A** 粉紅色 **22B** 黃綠色）

【完成尺寸】約17.5×8cm

☆**22A布片色彩**（▶P.41）

花瓣C

❀1 捏製花瓣A・B・D・E

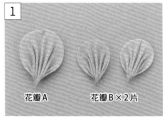

1
花瓣A　花瓣B×2片

以花瓣A・B布片進行「細褶圓撮」（▶P.18），並依P.19❀步驟①至⑤相同作法將花瓣根部拉尖。

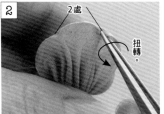

2
2處
扭轉。

以花瓣D布片進行細褶圓撮，再以鑷子捏住頂端約2mm，以扭轉的方式作出花瓣的曲線。

3
花瓣D×2片

捏製2片花瓣D。

4
花瓣E×2片

以花瓣E布片進行細褶圓撮。

❀2 捏製花瓣C ➡ 葺花

1

以花瓣C布片進行「圓瓣劍撮」（▶P.21）。

2
花瓣C
裁切邊

分開裁切邊。

3

將鐵絲底座（▶P.8）&花瓣裁切邊塗上白膠。

4
花瓣A
花瓣B
花瓣B
花瓣B

如上圖所示葺上花瓣A・B。

5
花瓣C

在花瓣B之間葺上花瓣C。

6
花瓣D
花瓣D

左右對稱地葺上花瓣D。

7
花瓣E

左右對稱地將花瓣E堆葺於花瓣D上。

8
鐵絲花蕊

剪下素玉花蕊的珠頭，沾取白膠貼於花朵中央。共製作4支。

💮 以「二重圓撮」捏製垂穗花片

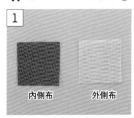

1

準備垂穗（二重圓撮）布片
（外側布・內側布）。

內側布　外側布

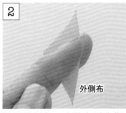

2

對摺外側布，夾於左手食指
&中指之間。

外側布

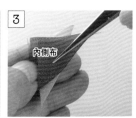

3

對摺內側布。

內側布

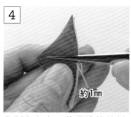

4

內側布在上，使長邊較外側
布往內縮約1mm後，直接翻至
背面。

約1mm

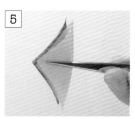

5

以鑷子向內側翻轉的方式將
兩片布同時對摺。

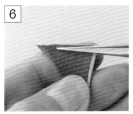

6

以拇指壓住布片的下端後，
抽出鑷子&更換鑷子的位
置。

7

鑷子尖端朝向裁切邊，自布
片頂端處垂直地夾入鑷子。

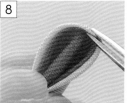

8

依「一重圓撮」（▶P.10）步
驟7至12相同作法，以兩布
片同時進行圓撮。

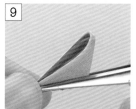

9

裁齊裁切邊，塗上白膠後壓
緊黏合。

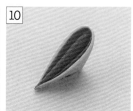

10

共製作3片二重圓撮。步驟1
至10即為「二重圓撮」的作
法。

🌸 葺置垂穗

1

以垂穗（一重圓撮）布片進行一重圓
撮，共捏製26片。

2

在一重圓撮的裁切邊上塗抹白膠。

3

如圖所示貼合2片一重圓撮。

4

在貼合處的裁切邊上塗抹白膠。

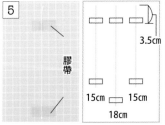

5

膠帶

3.5cm
15cm　15cm
18cm

以膠帶將繩子固定於切割版上。上方
固定位置為3.5cm處。

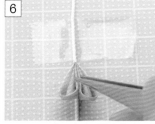

6

在膠帶下緣處貼上步驟3的花片。

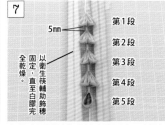

7

5mm
以衛生筷輔助飾穗
全乾燥。固定，直至白膠完

第1段
第2段
第3段
第4段
第5段

在花片兩側以衛生筷支撐固定。並以
5mm的間隔堆葺上步驟3的花片，最
後末端則葺上1個二重圓撮花片。

8

第1段
第2段
第3段
第4段
第5段
第6段

左右兩側垂穗為5段樣式，中央則為
6層段樣式。

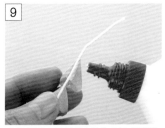

9

反摺繩端，並於第1段花片的背面塗
上白膠後黏上繩子。

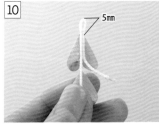

10

5mm

反摺繩子，作出線圈。

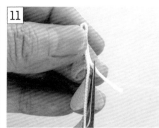

11

剪去多餘的繩子。

12

約7mm

以T針穿過珍珠串珠&花座&以平嘴
鉗將T針彎成直角後，在彎角處保留
7cm長的T針，剪下多餘的部分。

將T針繞一個圓圈（▶P.9）。

穿過垂穗的繩子。

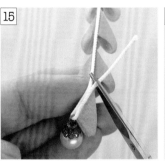

將二重圓撮花片背面塗上白膠＆黏上反摺的繩子，再剪去多餘的部分。

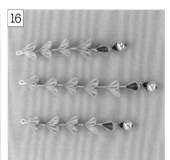

將3條垂穗皆串接上珍珠。

🌸 製作垂穗用釘鈀

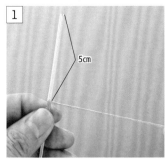

1 集合3支鐵絲，在距離前端5cm處塗上白膠＆以繡線纏繞數圈。

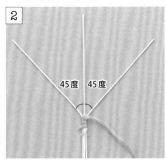

2 將左右兩側鐵絲各彎折45°。

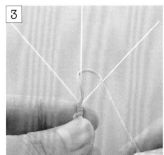

3 將繡線繞過中央鐵絲。

4 拉緊繡線。

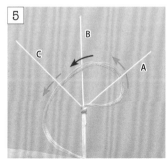

5 依A後・B前・C後的順序穿繞繡線。

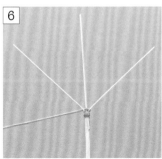

6 拉緊繡線。

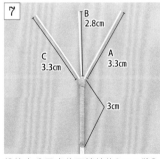

7 繡線自分叉處往下纏繞約3cm。將B鐵絲修剪至2.8cm，A・C鐵絲則修剪至3.3cm。

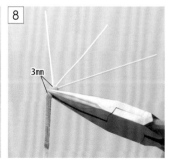

8 在分叉點下方3mm處彎折成直角。

🌸 組合花朵 ➡ 加裝飾品五金＆垂穗，完成！

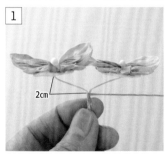

1 在花朵底座下方2cm處彎折鐵絲後，集合2支花朵，以繡線纏繞2圈使其固定。

2 其餘6支花朵也自2cm處彎折鐵絲，並如圖所示位置進行配置。

3 以繡線纏繞鐵絲至交集點下方5mm處。

4 將垂穗用釘鈀置於花朵交集點下方5mm處，再以繡線纏繞固定。

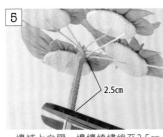

5

一邊補上白膠一邊纏繞繡線至2.5cm處，剪去多餘的鐵絲。

6

依P.24步驟14至16相同作法，在繡線端30cm處作出線圈，穿過髮簪後拉緊。

7

先將繡線繞過單側髮釵。

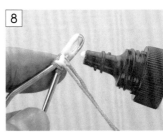

8

再以繡線纏繞2至3圈＆塗抹白膠。

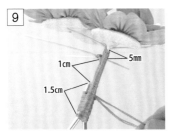

9

在塗抹白膠處疊放上花朵的鐵絲，再以繡線纏繞固定。

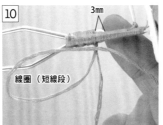

10

自髮簪上端3mm處，將2條線夾入花朵鐵絲＆髮簪之間。再如圖所示，以較短的線段（30cm）作出線圈。

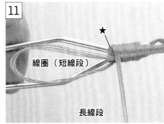

11

以長線段纏繞至★處，此時重疊的短線將被長線包覆。

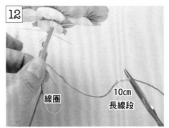

12

長線段保留10cm，剪去多餘的部分。

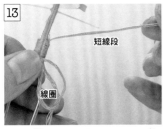

13

將步驟12中的剪線端穿過線圈，再拉緊短線段縮小線圈。

14

將線圈塗上白膠＆繼續拉緊縮小線圈，使線圈藏入繡線中。

15

看不到線圈後，同時拉緊長短兩條繡線。

16

貼近髮簪地剪去多餘的繡線，再塗上白膠＆以手指抹勻加強固定。

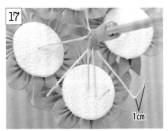

17

將垂穗用釘鈀的鐵絲端彎折1cm。

18

掛上垂穗後，以平嘴鉗捏緊垂穗用釘鈀，使其閉合。

19

以平嘴鉗使花頭向上微彎。

20

完成！

22B

以祝賀新春的松・竹・梅製成的帶留×牡丹帶留裝飾。
背面的十字鬆緊帶是可以自由地與各種飾品五金搭配的
靈活設計，請盡情享受飾品改造的樂趣吧！

23
帶留裝飾・牡丹
▶ P.64

23A

23B

24 帶留裝飾・松
▶ P.65

25 帶留裝飾・竹
▶ P.66

26 帶留裝飾・梅
▶ P.66

✤P.63_23

帶留裝飾・牡丹

23A

23B

◆23A・23B材料（1個）

〈布料〉23A 一越縮緬 23B羽二重10文目
花瓣…（第1段）5cm正方形×6片・（第2段）5cm正方形×6片・（第3段）5cm正方形×3片・（第4段）4cm正方形×3片・（第5段）3cm正方形×3片
〈底座〉底座A…圓形底紙（直徑2.8cm厚紙）2片・底座布（一越縮緬）直徑5cm×1片・鬆緊帶（4mm寬強力鬆緊帶）12cm×2條・底座B…包釦（直徑3cm）・包釦用布料（一越縮緬）直徑5cm×1片／直徑2cm×1片
〈花蕊〉花蕊 25支・串珠用鐵絲#34
【完成尺寸】直徑約6.5cm（花朵部分）

配戴範例▶

❀ 準備底座 ➡ 捏製花瓣 ➡ 葺花 ➡ 完成！

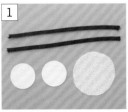
1
製作底座A。準備2片圓形底紙・1片直徑5cm的底座布・2條鬆緊帶。

2
以白膠黏合2片圓形底紙＆以底座布包覆，製作圓形底座（▶P.8）。

3
將圓形底座綁上一條鬆緊帶，打結處兩端各留約8mm，剪去多餘的部分。

4
綁上另一條鬆緊帶，並避免兩個結目重疊。
底座A

5
製作底座B。將包釦塗上少許白膠。

6
以包釦用布包覆包釦，背面（凹面）再貼上直徑2mm的布。
貼上直徑2mm的布片。

7
底座B正面。
底座B

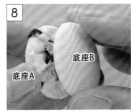
8
以白膠黏合底座A・B。
底座B
底座A

9
以鐵夾夾住固定，靜待包釦上的白膠完全乾燥。

10
底座背面。

11
依P.59❀步驟②至③相同作法捏製花瓣。
第1至3段＝共15片　第4段＝3片　第5段＝3片

12
此時在底座背面插入厚紙較容易堆疊花瓣。
將底座塗上白膠。

13
在花瓣裁切邊塗抹白膠，葺上第1段的6片花瓣。

14
將步驟13翻至背面，輕壓底座整平花瓣。

15
於第1段花瓣之間葺上第2段的6片花瓣。

16

茸上第3段花瓣。

17

第4・5段各茸上3片花瓣。

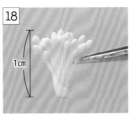

18

1cm

將25支花蕊綁成一束，在距離頂端1cm處以鐵絲纏繞固定。

19

在花朵中央貼上花蕊，完成！

底座背面可加裝上喜歡的裝飾繩或飾品五金。

❖ P.63_24

帶留裝飾・松

24

◆端切位置

1/2

◆24材料（1個）

〈布料〉一越縮緬
　葉子…2cm正方形×10片・1.5cm正方形×4片
〈底座〉松葉鐵絲底座…圓形底紙（直徑1.2cm厚紙）1片・底座布（一越縮緬）直徑2.5cm×1片・#24鐵絲12cm×1支　松葉圓形底座…圓形底紙（直徑1.2cm厚紙）1片・底座布（一越縮緬）直徑2cm×1片　底座A…圓形底座（直徑2.8cm厚紙）2片・底座布（一越縮緬）直徑5cm×1片・鬆緊帶（4mm寬強力鬆緊帶）12cm×2條　底座B…包釦（直徑3cm）・包釦用布料（一越縮緬）直徑5cm×1片／直徑2cm×1片
〈裝飾〉#24鐵絲（5cm×2支／5.5cm×1支／5.8cm×1支）　繡線（金色／茶褐色）
【完成尺寸】約4×4.3cm

🌸 堆茸葉子 ➡ 準備底座 ➡ 完成！

1

一重圓撮
=5片

以2cm正方形布片進行「一重圓撮」（▶P.10），共捏製5片，並端接1/2（▶P.11）。

2

將鐵絲底座（▶P.8）塗上白膠，左右對稱地貼上一重圓撮的葉子。

3

一重劍撮

以1.5cm正方形布片進行「一重劍撮」（▶P.11），共捏製2片，再茸於上圖所示位置。

4

將5cm鐵絲纏繞上金色繡線（▶P.9）後，以圓嘴鉗彎出如圖所示的圓圈。

5

8mm

④塗上白膠，貼於葉子上。

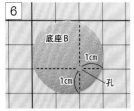

6

底座B

1cm

1cm

孔

依P.64🌸步驟⑥至⑦相同作法製作底座B，再置於切割墊上，以錐子鑿開孔洞（●）。

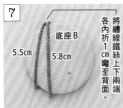

7

底座B

5.5cm

5.8cm

將繡線鐵絲上下兩端各內折1cm彎至背面。

將5.5cm與5.8cm鐵絲纏繞上茶褐色繡線，上下兩端各內折1cm彎至底座B背面加以固定。

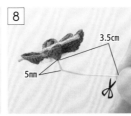

8

3.5cm

5mm

鐵絲保留3.5cm，剪去多餘的部分，再自底座下方5mm處彎曲。

9

將松葉的鐵絲插入步驟⑥底座B鑿開的孔洞中。

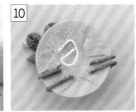

10

將鐵絲繞圈收入背面凹槽中。

11

底座B

底座A

在步驟⑩的底座B背面貼上直徑2cm的布片，並依P.64🌸步驟①至④相同作法製作底座A。

12

以白膠黏合底座A・B，並待其乾燥（▶P.64🌸步驟⑧至⑨）。

13

重複步驟①至⑤，將松葉黏於圓形底座上（▶P.8）。

14

如圖所示位置，以白膠黏貼組合步驟⑬的松葉，完成！

❖ P.63_25

帶留裝飾・竹

25

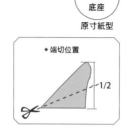

底座

原寸紙型

◆ 端切位置

1/2

✂

◆**25材料**（1個）

〈布料〉一越縮緬
　葉子…2cm正方形×6片

〈底座〉竹用鐵絲底座…圓形底紙（直徑1.2cm厚紙）1片・底座布（一越縮緬）直徑2.5cm×1片・#24鐵絲12cm×1支　竹用圓形底座…圓形底紙（直徑1.2cm厚紙）1片・底座布（一越縮緬）直徑2cm×1片　底座A…圓形底座（直徑2.8cm厚紙）2片・底座布（一越縮緬）直徑5cm×1片・鬆緊帶（4mm寬強力鬆緊帶）12cm×2條　底座B…包釦（直徑3cm）・包釦用布料（一越縮緬）直徑5cm×1片／直徑2cm×1片

〈裝飾〉#24鐵絲（5.5cm×1支／5.8cm×1支）・繡線（黃綠色）

【完成尺寸】約3×3.5cm

✿ 堆葺葉子 ➡ 準備底座 ➡ 完成！

1	2	3	4	5
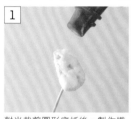				

1　對半裁剪圓形底紙後，製作鐵絲底座（▶P.8）&塗上白膠。

2　以葉子布片進行「一重圓撮」（▶P.10），共捏製3片，並端切1/2（▶P.11）&葺於步驟1上。

3　依P.65✿步驟6至12相同作法，製成底座&與竹葉黏合。

4　對半裁剪圓形底紙後，製作圓形底座（▶P.8）&黏貼上竹葉。

5　以白膠將步驟4的竹葉黏貼於底座上，完成！

❖ P.63_26

帶留裝飾・梅

26

◆**26材料**（1個）

〈布料〉一越縮緬・羽二重4文目
　梅A（二重圓撮）…2cm正方形×10片（外側：一越縮緬5片・內側：羽二重4文目5片）　梅B（一重圓撮）…2cm正方形×5片（一越縮緬）

〈底座〉梅A用鐵絲底座…圓形底紙（直徑1.2cm厚紙）1片・底座布（一越縮緬）直徑2.5cm×1片・#24鐵絲12cm×1支　梅B用圓形底座…圓形底紙（直徑1.2cm厚紙）1片・布（一越縮緬）直徑2cm×1片　底座A…圓形底座（直徑2.8cm厚紙）2片・底座布（一越縮緬）直徑5cm×1片・鬆緊帶（4mm寬強力鬆緊帶）12cm×2條　底座B…包釦（直徑3cm）・包釦用布料（一越縮緬）直徑5cm×1片／直徑2cm×1片

〈裝飾〉#24鐵絲（5.5cm×1支／5.8cm×1支）・繡線（粉紅色）

〈花蕊〉花蕊 13支・串珠用鐵絲#34

【完成尺寸】約4.5×3.3cm

✿ 葺花 ➡ 準備底座 ➡ 完成！

1	2	3	4	5

1　以梅A布片進行「二重圓撮」（▶P.60），共捏製5片，再葺於鐵絲底座（▶P.8）上。

2　在6支花蕊珠頭下方纏繞鐵絲固定，並剪去多餘的部分&貼於花朵中央。

3　依P.65✿步驟6至12相同作法製作底座，並葺上梅A。

4　製作圓形底座（▶P.8），並葺上以「一重圓撮」（▶P.10）捏製的5片花瓣。再將7支花蕊以鐵絲纏繞固定，剪去多餘的部分&貼於花朵中央。

5　以白膠將步驟4的梅B貼在底座上，完成！

圓潤的茶花，是妝點手指＆秀髮的迷人配件。
凜然的水仙髮梳，則附有可自由拆裝的可愛垂穗。

27 茶花戒指
▶ P.68

27B

27A

29 水仙垂穗髮梳
▶ P.68

28 茶花髮夾
▶ P.68

28A

28B

✤ P.67_27・28

茶花戒指・茶花髮夾

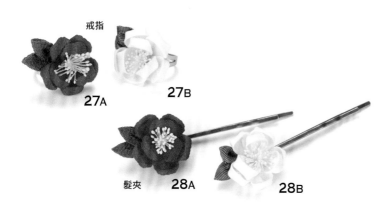

戒指

27A **27B**

髮夾 **28A** **28B**

◆27A・27B／28A・28B材料（1個）

〈布料〉27A・28A…一越縮緬 27B・28B 聚酯纖維
　　葉子…2cm正方形×2片・花…（第1段）2cm正方形×5片
　　（第2段）2cm正方形×3片

〈底座〉27A・27B：底座布（一越縮緬）直徑1.5cm×1片
　　28A・28B：圓形底座…圓形底紙（直徑1.5cm厚紙）1片
　　底座布（一越縮緬）直徑2.5cm×1片

〈花蕊〉花蕊 約20支・串珠用鐵絲#34

〈飾品五金〉27A・27B：戒指座（15mm圓托） 28A・
　　28B：圓托髮夾（直徑9mm）

【完成尺寸】約2.5×2.7cm（花朵部分）

❀ 準備底座 ➡ 捏製花瓣&葉子 ➡ 葺花 ➡ 完成！

| 1 | 2 | 3 | 4 | 5 |

將28A・28B的附圓托髮夾塗上黏著劑，貼上圓形底座。

以「裡返劍撮」（▶P.20）捏製2片葉子，再將底座塗上白膠（聚酯纖維需塗抹黏著劑）後貼上葉子。

以「裡返圓撮」（▶P.21）捏製花瓣，再葺上第1段的5片花瓣。

依P.16❀步驟14至16相同作法，以白膠將修剪過的花蕊黏於花朵中央。

將27A・27B的戒指座以黏著劑貼上直徑1.5cm的布片，再依步驟2至4相同作法葺上葉子&花朵。

✤ P.67_29

水仙垂穗髮梳

28

◆29材料（1個）

〈布料〉一越縮緬
　　花瓣…（第1段）3.5cm正方形×6片・（第2段）3.5cm
　　正方形×6片・（第3段）2.5cm正方形×6片
　　葉子…5cm正方形×2片
　　垂穗（一重圓撮）…2.5cm正方形×10片
　　垂穗（二重圓撮）…2.5cm正方形×4片（外側2片・內側2片）

〈底座〉
　　花用鐵絲底座…圓形底紙（直徑2cm厚紙）2片・底座布（一越縮
　　緬）直徑4cm×2片・#24鐵絲 12cm×2支
　　葉子用…#24鐵絲 12cm×2支

〈垂穗〉
　　繩（都繩 1mm粗・螺縈）20cm×1條・緞帶夾 1個・龍蝦釦 1個
　　單圈（0.7×4mm）1個・棉珍珠（直徑10mm）2個・T針（0.7mm
　　×30mm）2個

〈花蕊〉花蕊12支

〈飾品五金〉5齒髮梳（2cm）・繡線（黃綠色）

【完成尺寸】約12×5.5cm（花朵部分）

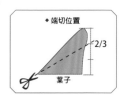

◆端切位置

2/3

葉子

✤ 捏製花瓣＆葉子 ➡ 葺花 ➡ 製作垂穗

1

以「細褶圓撮」（▶P.18）製作第1・2段花瓣，並依P.19✿步驟1至6相同作法將根部捏尖。

2

鐵絲底座塗上白膠（▶P.8）。

3

在花瓣裁切邊塗抹白膠。

4

葺上第1段的3片花瓣。

5

於第1段花瓣間，重疊葺上第2段的3片花瓣。

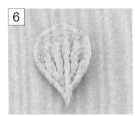

6

以「細褶圓撮」捏製第3段花瓣。

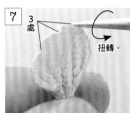

7

3處　扭轉。

同P.59✿相同作法，於3處扭轉出花瓣邊緣的曲線。

8

於第2段花瓣間，重疊葺上第3段的3片花瓣。

9

花蕊保留自珠頭量起1cm的部分，再剪去多餘鐵絲。共需6支，並貼於花朵中央。

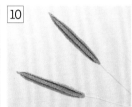

10

依P.23✿步驟1至4相同作法製作2支葉子。

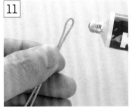

11

對摺都繩，再自彎折處開始塗抹黏著劑至5mm處。

12

加裝緞帶夾，並以平嘴鉗壓合固定。

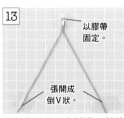

13

以膠帶固定。

張開成倒V狀。

以膠帶固定五金部分，並將繩子張開成倒V狀。

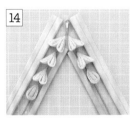

14

依P.60✿步驟1至7相同作法，堆葺上一重圓撮花片＆二重圓撮花片。

15

依P.60✿步驟12至15相同作法，於二重圓撮花片下方加裝棉珍珠。

以單圈串接龍蝦釦＆緞帶夾。

✤ 組合花朵＆葉子 ➡ 加裝飾品五金，完成！

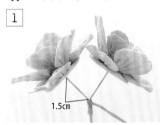

1

1.5cm

於花朵下方1.5cm處彎曲鐵絲，再將2朵花集合成束，塗上白膠後纏繞2圈繡線。

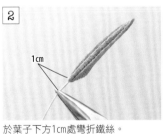

2

1cm

於葉子下方1cm處彎折鐵絲。

3

如圖所示配置葉子。

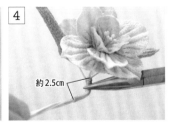

4

約2.5cm

纏繞繡線至2.5cm處，並於集結點下方5mm處彎折成直角。

5

剪去多餘的鐵絲。

6

依P.29✿步驟1至13相同作法，以繡線將飾穗固定於髮梳上。

7

將垂穗鉤於葉子的鐵絲上。

8

完成！

❀ 3 月 ❀
弥生 ◆ MARCH

因明麗春色到訪，而心情愉悅的三月。看著朵朵盛開的可愛花朵們（油菜花·花水木·櫻花），也令人不禁地悸動欣喜！

30 油菜花項鍊墜飾
▶ P.71

31 花水木包包吊墜
▶ P.72

32A

32 櫻花戒指
▶ P.72

32B

33 櫻花耳掛
▶ P.72

油菜花
項鍊墜飾

30

◆**30**材料（1個）

〈布料〉全棉巴厘紗
　　　花…2cm正方形×16片
　　　葉子…2cm正方形×2片
〈底座〉花用底座布…1cm正方形×4片・圓形底紙（直徑
　　　2.8cm／直徑2cm／直徑1.2cm厚紙）各1片・底座布（全棉
　　　巴厘紗）直徑5cm×1片
〈花蕊〉大素玉花蕊 7支・花蕊 16支・指甲油・串珠用鐵絲
　　　#34
〈飾品五金〉帶環圓形底托（直徑30mm）・墜夾 1個・皮質
　　　項鍊繩 1條
【完成尺寸】約4.2×4.5cm（花朵部分）

❀ 葺花 ➡ 準備底座 ➡ 完成！

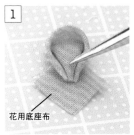

1

以「一重圓撮」（▶P.10）捏製花瓣，再塗上白膠，在底座布上葺成花朵。
花用底座布

2

將4片花瓣葺成十字狀。

3

取4支花蕊紮束＆剪下珠頭，沾取白膠後貼於花朵中央。

4

以白膠黏合2.8cm・2cm・1.2cm圓形底紙。
圓形底紙
2.8cm
2cm
1.2cm

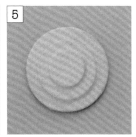

5

將步驟4的底紙塗上白膠，再以直徑5cm底座布包裹底紙。

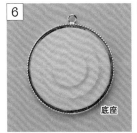

6

將帶環圓形底托塗上黏著劑，貼上底座。
底座

7

在花朵背面塗抹白膠。

8

將花朵貼在底座上，共貼上4朵。

9

貼上4朵花的模樣。

10

以「裡返劍撮」（▶P.20）捏製葉子，再貼在花與花之間。

11

黏上2片葉子。

12

在7支素玉花蕊的珠頭下方，以鐵絲纏繞固定。
鐵絲

13

以指甲油著色，待完全乾燥後剪去鐵絲下方多餘的部分。

14

將步驟13的花蕊塗抹白膠，貼在花叢中央。

15

以墜夾夾住圓形底托的圓環，再穿過皮繩，完成！
墜夾

✤ P.70_31

花水木
包包吊墜

31

◆**31材料**（1個）

〈布料〉聚酯纖維
  花…2cm正方形×16片
  葉子…2cm正方形×2片

〈底座〉花用底座布…1cm正方形×4片・圓形底紙（直徑
  2.8cm／直徑2cm／直徑1.2cm厚紙）各1片・底座布（全棉
  巴厘紗）直徑5cm×1片

〈花蕊〉天星花蕊 4支・指甲油

〈飾品五金〉帶環圓托（直徑30mm）・墜夾 1個・包包吊墜
  鍊 1條

【完成尺寸】約3.8×4cm（花朵部分）

☆**31布片色彩**（▶P.41）

✤ 準備底座 ➡ 捏製花瓣 ➡ 葺花 ➡ 完成！

1	2	3	4	5
	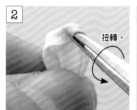			

1. 在花瓣布片中央塗抹少量白膠後，進行「一重圓撮」（▶P.10）。

2. 以鑷子夾住頂端約3mm，以扭轉的方式作出弧度較大的弧線。（扭轉。）

3. 藉由弧度的大小差異，讓作品看起來更自然。

4. 依P.71✤步驟1至11相同作法，製作花朵＆底座，再貼上花朵＆葉子。

5. 串接包包吊墜鍊・墜夾・帶環圓托，完成！

✤ P.70_32・33

櫻花耳掛・櫻花戒指

32 櫻花耳掛

32A

32B

33 櫻花戒指

◆**32A・32B・33材料**（1個）

〈布料〉棉布
  花…2cm正方形×5片

〈底座〉**32A・32B**：底座布（棉布）直徑1.2cm×1片
  33：底座布（棉布）直徑6mm×1片

〈花蕊〉花座（直徑7mm）1個・水鑽（4mm）1個

〈飾品五金〉**32A・32B**：附圓托耳掛（直徑12mm）
  33：單側附凹槽的開放戒座（5號）

【完成尺寸】直徑約2cm（花朵部分）

☆**32A布片色彩**（▶P.41）

✤ 準備底座 ➡ 捏製花瓣 ➡ 葺花 ➡ 完成！

1	2	3	4	5
	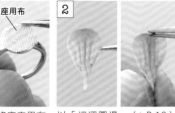	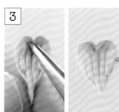		

1. 作品32以黏著劑將底座用布貼於飾品五金的圓托上。（圓托／底座用布）

2. 以「細褶圓撮」（▶P.18）捏製花瓣，再以鑷子夾住頂端約2mm處，向背面捏出凹槽。

3. 以鑷子將步驟2中凹陷的部分捏出尖角。

4. 葺上5片花瓣，再依P.54✤步驟4至6相同作法貼上花蕊，完成！

5. 將作品33的戒指底座以黏著劑貼上直徑6mm的布片，依步驟1至4相同作法葺上花瓣。

「七五三」是日本慶祝孩子健康成長的傳統慶典。試著以充滿愛情的手作髮簪，創造美好的七五三回憶吧！大花中的可愛球球裝飾，象徵著可愛又珍貴的寶貝。溫柔地包覆著小球的盛開褶皺花瓣，代表著家人們的愛。

34 七五三髮簪
▶ P.74

34A

34B

✜P.73_34

七五三髮簪

34A

銀流蘇髮簪

垂穗簪

◆34A・34B材料（1個）

〈布料〉34A 一越縮緬　34B（▶P.73）舊和服布
梅A（一重圓撮）…2.5cm正方形×10片
梅B（二重圓撮）…2.5cm正方形×10片（外側5片・內側5片）
葉子（二重劍撮）…2.5cm正方形×6片（外側3片・內側羽二重4文目3片）
花瓣…（第1段）5cm正方形×6片・（第2段）5cm正方形×6片・（第3段）5cm正方形×3片
垂穗（一重圓撮）…2.5cm正方形×10片
垂穗（二重圓撮）…2.5cm正方形×4片（外側2片・內側2片）
〈底座〉〔銀流蘇髮簪〕花用鐵絲底座…圓形底紙（直徑1.5cm厚紙）3片・底座布（一越縮緬）直徑3cm×3片・#24鐵絲 12cm×3支　葉子用鐵絲底座…底紙（厚紙・紙型用）1片・底座布（一越縮緬）直徑2.5cm×1片・#24鐵絲 12cm×1支
〔垂穗簪〕花朵用鐵絲底座…圓形底紙（直徑3cm厚紙）1片・底座布（一越縮緬）直徑6cm×1片・#20鐵絲 18cm×1支／6cm×1支
〈垂穗〉34A 繩（都繩 1mm粗・螺縈）20cm×1支・緞帶夾1個・龍蝦釦 1個・單圈（0.7×4mm）1個・鈴鐺（直徑8mm）2個
34B 龍蝦釦 1個・9針（0.7×30mm）1個・單圈（1.0×6mm）2個・串珠（直徑8mm／直徑11mm）各1個・流蘇（7cm）1串
〈花蕊〉花蕊 27支・串珠用鐵絲#34・保麗龍球（直徑1.2cm）・3cm正方形布料（一越縮緬）1片
〈飾品五金〉銀流蘇（12片）1個・水滴夾 1個・雙釵髮簪（9cm）1支・繡線（粉紅色）

【完成尺寸】
銀流蘇髮簪：約8×5.7cm　垂穗簪：約8×5.7cm

☆34A布片色彩 （▶P.41）

梅A

第2段至3段花瓣

葉子底座

原寸紙型

❀準備銀流蘇髮簪底座 ➡ 堆葺花瓣＆葉子

1

準備鐵絲底座（▶P.8）。

2

梅A　梅A　梅B

依P.66「帶留裝飾・梅」步驟1至4相同作法，葺上2朵梅A（一重圓撮），與1朵梅B（二重圓撮）。

3

沿著紙型裁剪厚紙，製作葉子的鐵絲底座。

4

葉

以「二重劍撮」（▶P.54）捏製葉子。再將底座＆葉子裁切邊塗上白膠，以V字形黏合。

5

在葉子之間葺上另一片葉子。

✿組合銀流蘇髮簪花＆葉 ➡ 加裝飾品五金，完成！

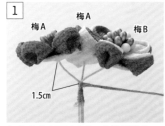

1

梅A　梅A　梅B

1.5cm

在花朵底座下方1.5cm處彎折鐵絲，再將3支花集結成束，塗抹白膠＆纏繞繡線加以固定。

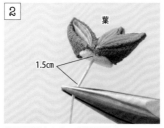

2

葉

1.5cm

葉子同樣在1.5cm處彎折鐵絲。

3

梅A　梅B

葉　梅A

如上圖所示配置葉子。

4

2mm

加入葉子後，纏繞繡線至分歧點下方2mm處。

5

準備銀流蘇。

6

將花朵鐵絲穿過銀流蘇的★中，與★集合成一束。

7

將銀流蘇★部分的鐵絲與花朵鐵絲合成一束，一邊添加白膠一邊纏繞上繡線。

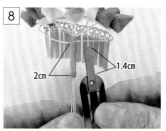

8

纏繞繡線至銀流蘇集結點下方2cm處，塗抹白膠固定。

9

剪去花朵多餘的鐵絲。

10

繡線於30cm處對摺，穿過水滴夾的洞。

11

以線圈套住水滴夾的尾巴。

12

合併2條繡線，於★部分纏繞2圈左右＆塗抹白膠。

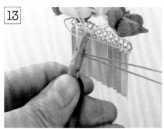

13

將花朵鐵絲置於水滴夾的尾巴上，2條繡線一起由下往上纏繞。

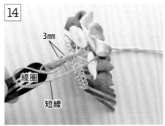

14

於水滴夾尾巴3mm處，將2條繡線夾入花朵鐵絲＆水滴夾之間，再以較短的線段（30cm）作出線圈。

15

以長線段壓住短線段的線圈，纏繞至★（纏繞起點）處。

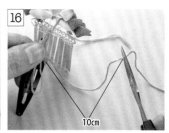

16

長線段保留10cm，剪去多餘的部分。

17

將步驟16剪斷的線端穿過線圓，拉緊短線段以縮小線圈。

18

將線圈塗上白膠後，繼續拉緊縮小線圈至藏於纏繞的線圈中。

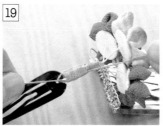

19

藏入線圈後，將兩條繡線同時向兩側拉緊。

20

貼緊平面，剪去多餘的繡線。

21

線頭沾取白膠，以手指抹勻黏合。

22

以平嘴鉗將花朵裝飾向上彎折。

23

整理配置的平衡感。

24

完成！

✿ 準備垂綴髮簪底座 ➡ 葺花 ➡ 製作垂穗 ➡ 加裝飾品五金，完成！

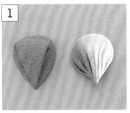
1
以「裡返圓撮」（▶P.21）捏製第1段花瓣＆以「細褶圓撮」（▶P.18）捏製第2至4段的花瓣。

2
將鐵絲底座（▶P.8）塗上白膠。

3
在第1段花瓣根部塗抹白膠。

4
葺上第1段的6片花瓣。

5
將步驟4翻至背面，輕壓底座，整平第1段花瓣。

6
於第1段花瓣間堆葺上第2段花瓣，花瓣左側需略重疊於相鄰的花瓣上。

7
葺上6片花瓣，整理花瓣形狀。

8
葺上第3段的3片花瓣。

9
完成葺花。

10
側視的模樣。

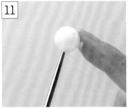
11
製作花蕊。將保麗龍球整體塗上白膠。

12
將布片（3cm正方形）以對角方式包裹保麗龍球，再配合球的弧度剪去多餘的布。

13
另一側的對角也包住保麗龍球後，剪去多餘的布。

14
以手掌滾動保麗龍球，使布服貼於球面，完成花蕊。再將花蕊塗上白膠。

15
貼於花朵中央。

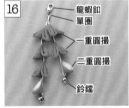
16
龍蝦釦
單圈
一重圓撮
二重圓撮
鈴鐺
依P.69✿步驟11至15相同作法，製作附龍蝦釦的垂穗。

龍蝦釦
單圈
以9針穿上串珠（直徑8mm與11mm）。
單圈
流蘇
34B為流蘇款。

17
7mm
在長6cm的#20鐵絲一端，作出直徑約7mm的圓圈。

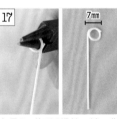
18
將步驟17與花朵鐵絲併合。

19
1.5cm
1.5cm
自花朵底座下方1.5cm處開始沾附白膠，並以繡線纏繞固定至下方1.5cm處。

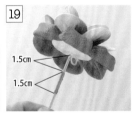
20
剪去多餘的繡線＆塗抹白膠固定，再剪去多餘的鐵絲。

21
依P.62✿步驟6至16相同作法，將雙釘髮簪安裝上花朵。

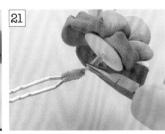
22
將垂穗的龍蝦釦扣在步驟17的圓圈上。

23
完成！

可愛粉紅色系＆冷豔紫色系的大牡丹垂穗髮簪。慶祝成為大人的日本傳統節慶成人式，是一生只有一次的重要紀念日。以包含滿滿祝福心意的手作髮簪，彩繪如此重要的佳節吧！

35 成人式髮簪
▶P.78

35A

35B

❖P.77_35

成人式髮簪

35A

☆35A布片色彩（▶P.41）

梅　　　牡丹

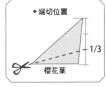

◆端切位置

1/3

櫻花葉

◆35A・35B材料（1個）

〈布料〉一越縮緬使用
　櫻花…（花瓣）2cm正方形×10片・（葉子）1.5cm正方形×2片
　牡丹…（第1段）5cm正方形×6片・（第2段）5cm正方形×6片・（第3段）5cm正方形×3片・（第4段）4cm正方形×3片・（第5段）3cm正方形×3片
　梅花（二重圓撮）…2.5cm正方形×40片（外側20片・內側羽二重4文目20片）
　葉子…3cm正方形×6片・使用紫陽花葉子紙型（P.30）
　垂穗（二重圓撮）…2.5cm正方形×72片（外側36片・內側羽二重4文目36片）

〈底座〉
　櫻花用鐵絲底座…圓形底紙（直徑1.2cm厚紙）2片・底座布（一越縮緬）直徑2.5cm×2片・#24鐵絲 12cm×4支
　牡丹用鐵絲底座…圓形底紙（直徑3cm厚紙）1片・底座布（一越縮緬）直徑6cm×1片・#22鐵絲 18cm×1支
　梅花用鐵絲底座…圓形底紙（直徑1.5cm厚紙）4片・底座布（一越縮緬）直徑3cm×4片・#24鐵絲 12cm×4支
　葉子用…#24鐵絲 12cm×3支 35A水引…#24鐵絲 12cm×2支・串珠用鐵絲#34・花藝膠帶（黑色） 35B縮緬環…#24鐵絲 12cm×2支・串珠用鐵絲#34・花藝膠帶（黑色）
　垂穗用釘鈀用…#24鐵絲 12cm×3支

〈垂穗〉
　繩（都繩 1mm粗・螺縈）18cm×3條・棉珍珠（直徑10mm）3個・T針（0.7×30mm）3個

〈花蕊・裝飾〉櫻花…水鑽（2mm）2個 牡丹…花蕊 25支 梅花…花蕊 適量 35A水引 14cm×6條 35B縮緬環（3mm粗）14cm×2條

〈飾品五金〉雙釵髮簪（11.5cm）1支・繡線（35A粉紅色 35B紫色）

【完成尺寸】 約20×10cm

❀1 以「圓撮變化」捏製櫻花 ➡ 葺花

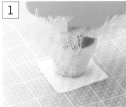

1 在櫻花花瓣布片中央塗抹糨糊。

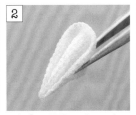

2 進行「一重圓撮」（▶P.10）。

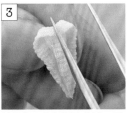

3 以拇指＆食指捏取花瓣，再以鑷子於中央作出凹槽。

4 以鑷子壓住凹槽，再以拇指＆食指夾住固定。

5 以鑷子自內側用力地夾住凹槽處，使凹槽成形。

6 步驟1至6即為「圓撮變化」的作法，花瓣完成。共捏製5片花瓣。

7 在鐵絲底座（▶P.8）上塗抹白膠。

8 葺上5片花瓣＆以「一重劍撮」（▶P.11）捏製的葉子，再在花朵中央貼上水鑽。

❀2 堆葺花・葉・垂穗 ➡ 組合花・葉 ➡ 加裝飾品五金，完成！

1 依P.64❀步驟11至19相同作法，於鐵絲底座上堆葺出牡丹花。

2 依P.66「帶留裝飾・梅」❀步驟1至2相同作法，於鐵絲底座上堆葺4片二重圓撮的梅花花瓣。

背面

背面　　　背面

1cm

3 依P.30❀步驟1至3相同作法，製作3支葉子，再併合3支葉子，以串珠用鐵絲纏繞＆扭緊固定。

正面

2cm

4 纏繞花藝膠帶藏住鐵絲，並於葉子下方2cm處彎折鐵絲。

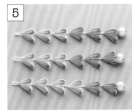

5 依P.60❀步驟1至16相同作法，製作3條垂穗。

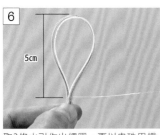

6

5cm

取3條水引作出繩圈,再以串珠用鐵絲纏繞3至4次扭緊固定。

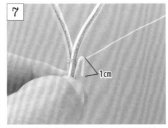

7

1cm

將#24鐵絲彎折1cm,鉤於步驟6的串珠用鐵絲上。

8

扭擰串珠用鐵絲,確實固定水引末端&#24鐵絲。

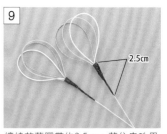

9

2.5cm

纏繞花藝膠帶約2.5cm,藏住串珠用鐵絲。將水引繩圈稍微左右錯位拉開。

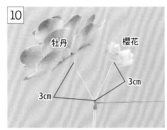

10

牡丹　櫻花

3cm　3cm

在牡丹&櫻花底座下方3cm處彎折鐵絲後,併合2花朵&塗上白膠,再纏繞繡線加以固定。

11

另一枝櫻花&四枝梅花也在底座下方3cm處彎折鐵絲,再配置於上圖所示位置&纏繞繡線固定。

12

將葉子配置於上圖所示位置後,同樣以繡線纏繞固定。

13

2cm

檢視花朵的位置,調整鐵絲的角度。

14

決定水引的位置。

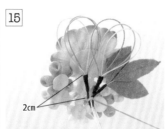

15

2cm

加入水引,塗抹白膠&以繡線纏繞固定。

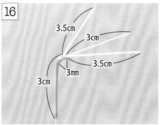

16

3.5cm
3cm
3.5cm
3mm
3cm

依P.61❀步驟1至8相同作法,製作垂穗用釘鈀。

17

依P.61❀步驟4至16相同作法,安裝上垂穗用釘鈀&雙釵髮簪。

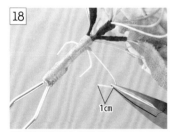

18

1cm

將垂穗用釘鈀上端彎折1cm。

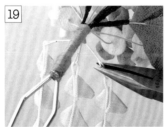

19

將垂穗吊飾掛於垂穗用釘鈀上,以平嘴鉗壓合垂穗用釘鈀開口。

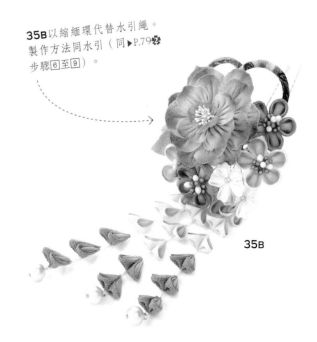

35B以縮緬環代替水引繩。
製作方法同水引(同▶P.79❀
步驟6至9)。

35B

20

以平嘴鉗將花頭向上彎折。

21

完成!

❖ Kawarashiya Tsumami-zaiku Gallery

追求「金澤」風格，利用金箔＆水引製作出充滿金澤味道的和風布花工藝品。試著結合純絹布、骨董舊布、螺縈、棉布、和紙、皮革等各種素材，充分地享受各種素材賦與作品的獨特風格魅力吧！

◆鳳凰＆牡丹
松竹梅圖騰×鳳凰＆牡丹，
是喜慶宴席的絕佳配飾。

◆和紙和風布花
以裁成小正方形的和紙製成的和風布花作品。
搭配上貼覆金箔的和紙，營造出金澤感。

◆薔薇
藉由在花瓣邊緣進行彩繪增加真實感。可以插在花瓶中裝飾，也能多製作一些紮成結婚捧花。

◆鷺蘭流蘇髮簪
因為宛如鷺鷥飛翔的身姿而得名的鷺蘭。
以裂瓣圓撮製作出其細膩的花瓣。

■ 輕·布作 45

花系女子の
和風布花飾品設計

作　　　者／かわらしや
譯　　　者／劉好殊
發 行 人／詹慶和
總 編 輯／蔡麗玲
執行編輯／陳姿伶
編　　　輯／蔡毓玲·劉蕙寧·黃璟安·李宛真·陳昕儀
執行美編／韓欣恬
美術編輯／陳麗娜·周盈汝
內頁排版／造極
出 版 者／Elegant-Boutique新手作
發 行 者／悅智文化事業有限公司　郵政劃撥帳號／19452608
戶　　　名／悅智文化事業有限公司
地　　　址／220新北市板橋區板新路206號3樓
電　　　話／(02)8952-4078　傳真／(02)8952-4084
網　　　址／www.elegantbooks.com.tw
電子郵件／elegant.books@msa.hinet.net

2018年7月初版一刷　定價320元

Lady Boutique Series No.4489
Tsumami Zaiku no Hanagoyomi
© 2017 Boutique-sha, Inc.
All rights reserved.
Original Japanese edition published in Japan by BOUTIQUE-SHA.
Chinese (in complex character) translation rights arranged with
BOUTIQUE-SHA.
through KEIO CULTURAL ENTERPRISE CO., LTD.

經銷／易可數位行銷股份有限公司
地址／新北市新店區寶橋路235巷6弄3號5樓
電話／(02)8911-0825　傳真／(02)8911-0801

Staff

編輯·版面／atelier jam（http://www.a-jam.com）
攝影／大野伸彥（情境圖）·山本高取（步驟圖）
造型／オコナー マキコ

國家圖書館出版品預行編目(CIP)資料

花系女子の和風布花飾品設計 / かわらしや著；劉好殊譯.
-- 初版. -- 新北市：新手作出版：悅智文化發行, 2018.07
　面；　公分. -- (輕.布作；45)
譯自：つまみ細工の花ごよみ
ISBN 978-986-96076-8-1(平裝)

1.花飾 2.手工藝

426.77　　　　　　　　　　　　　　　　　　107009202

Elegantbooks 以閱讀，享受幸福生活

雅書堂

EB 新手作

雅書堂文化事業有限公司
22070新北市板橋區板新路206號3樓
facebook 粉絲團:搜尋 雅書堂
部落格 http://elegantbooks2010.pixnet.net/blog
TEL:886-2-8952-4078 · FAX:886-2-8952-4084

輕·布作 06

簡單×好作!
自己作365天都好穿的手作裙
BOUTIQUE-SHA◎著
定價280元

輕·布作 07

自己作防水手作包&布小物
BOUTIQUE-SHA◎著
定價280元

輕·布作 08

不用轉彎!直直車下去就對了!
直線車縫就上手的手作包
BOUTIQUE-SHA◎著
定價280元

輕·布作 09

人氣No.1!
初學者最想作的手作布錢包A⁺
一次學會短夾、長夾、立體造型、L型、
雙拉鍊、肩背式錢包!
日本Vogue社◎著
定價300元

輕·布作 10

家用縫紉機OK!
自己作不退流行的帆布手作包
赤峰清香◎著
定價300元

輕·布作 11

簡單作×開心縫!
手作異想熊裝可愛
異想熊·KIM◎著
定價350元

輕·布作 12

手作市集超夯布作全收錄!
簡單可愛&實用的超人氣布
小物232款
主婦與生活社◎著
定價320元

輕·布作 13

Yuki教你作34款Q到不行的不織布雜貨
不織布就是裝可愛!
YUKI◎著
定價300元

輕·布作 14

一次解決縫紉新手的入門難題
初學手縫布作的最強聖典
每日外出包×布作小物×手作服=29枚實
作練習
高橋惠美子◎著
定價350元

輕·布作 15

手縫OK的可愛小物
55個零碼布驚喜好點子
BOUTIQUE-SHA◎著
定價280元

輕·布作 16

零碼布×簡單作 ── 繽紛手縫系可愛娃娃
I Love Fabric Dolls
法布多的百變手作遊戲
王美芳·林詩齡·傅琪珊◎著
定價280元

輕·布作 17

女孩的小優雅·手作口金包
BOUTIQUE-SHA◎著
定價280元

輕·布作 18

點點·條紋·格子(暢銷增訂版)
小白◎著
定價350元

輕·布作 19

可愛3?!
半天完成的棉麻手作包×錢包
×布小物
BOUTIQUE-SHA◎著
定價280元

輕·布作 20

自然風穿搭最愛的39個手作包
- 點點·條紋·印花·素色·格紋
BOUTIQUE-SHA◎著
定價280元

輕·布作 21

超簡單×超有型-自己作日日都
好背的大布包35款
BOUTIQUE-SHA◎著
定價280元

輕·布作 22

零碼布裝可愛!超可愛小布包
×雜貨飾品×布小物 ──
最實用手作提案CUTE.90
BOUTIQUE-SHA◎著
定價280元

輕·布作 23

俏皮&可愛·so sweet!愛上零
碼布作的41個手縫布娃娃
BOUTIQUE-SHA◎著
定價280元

輕・布作 24

簡單×好作
初學35枚和風布花設計
福清◎著
定價280元

輕・布作 25

從基本款開始學作61款手作包
自己輕鬆製作簡單&可愛的收納包
（暢銷版）
BOUTIQUE-SHA◎授權
定價280元

輕・布作 26

製作技巧大破解！
一作就愛上的可愛口金包
日本ヴォーグ社◎授權
定價320元

輕・布作 28

實用滿分・不只是裝可愛！
肩背&手提okの大容量口金包
手作提案30選
BOUTIQUE-SHA◎授權
定價320元

輕・布作 29

超圖解！
個性&設計感十足的94枚可愛
布作徽章×別針×胸花×小物
BOUTIQUE-SHA◎授權
定價280元

輕・布作 30

簡單・可愛・超開心手作！
袖珍包兒×雜貨の迷你布作小
世界
BOUTIQUE-SHA◎授權
定價280元

輕・布作 31

BAG＆POUCH・新手簡單作！
一次學會25件可愛布包＆波奇
小物包
日本ヴォーグ社◎授權
定價300元

輕・布作 32

簡單才是經典！
自己作35款開心背著走的手作布
BOUTIQUE-SHA◎授權
定價280元

輕・布作 33

Free Style！
手作39款可動式收納包
看波奇包秒變小腰包、包中包、小提包、斜
背包……方便又可愛！
BOUTIQUE-SHA◎授權
定價280元

輕・布作 34

實用度最高！
設計感滿點的手作波奇包
日本VOGUE社◎授權
定價350元

輕・布作 35

妙用墊肩作的37個款Q波奇包
2片墊肩→1個包，最簡便的防撞設
計！化妝包、3C包最佳選擇！
BOUTIQUE-SHA◎授權
定價280元

輕・布作 36

非玩「布」可！挑喜歡的布，作
自己的包
60個簡單&實用的基本款人氣包&布
小物・開始學布作的60個新手練習
本橋よしえ◎著
定價320元

輕・布作 37

NINA娃娃的服裝設計80+
獻給娃媽們～享受換裝、造型、扮演
故事的手作遊戲
HOBBYRA HOBBYRE◎著
定價380元

輕・布作 38

輕便出門剛剛好的人氣斜背包
BOUTIQUE-SHA◎授權
定價280元

輕・布作 39

這個包不一樣！幾何圖形玩創意
超有個性的手作包27選
日本ヴォーグ社◎授權
定價320元

輕・布作 40

和風布花の手作時光
從基礎開始製作和風布花の32件美麗飾品
かくた まさこ◎著
定價320元

輕・布作 41

玩創意！自己動手作
可愛又實用的
71款生活感布小物
BOUTIQUE-SHA◎授權
定價320元

輕・布作 42

每日的後背包
BOUTIQUE-SHA◎授權
定價320元

輕・布作 43

手縫可愛の繪本風布娃娃
33個給你最溫柔陪伴的布娃兒
BOUTIQUE-SHA◎授權
定價350元

輕・布作 44

手作系女孩の
小清新布花飾品設計
BOUTIQUE-SHA◎授權
定價320元